袁惠芬 王竹君 顾春华 著

实用图解

时尚男童装裁剪90例

化学工业出版社

·北京·

内容简介

本书精心挑选了90例经典、时尚男童装款式，每个款式均提供了款式说明、正背面款式图、面辅料介绍、规格尺寸表、裁剪图及部分工艺示意图等。

全书结构图清晰、规范，涵盖男童装的T恤、衬衫、背心及马甲、夹克、卫衣、西装及外套、棉服及羽绒服和各类裤装、连身装及套装等类别，加入大量男童装成品裁剪实例，方便读者阅读和参考。

本书是一本易学易懂的实用工具书，也是广大童装制作、设计人员的专业书籍，还可作为服装企业相关技术人员及服装院校师生工作和学习的参考书。

图书在版编目（CIP）数据

实用图解时尚男童装裁剪90例/袁惠芬，王竹君，顾春华著．—北京：化学工业出版社，2021.4

ISBN 978-7-122-35557-7

Ⅰ.①实… Ⅱ.①袁… ②王…③顾 Ⅲ.①男性-童服-服装量裁-图解 Ⅳ.①TS941.716-64

中国版本图书馆CIP数据核字（2021）第030496号

责任编辑：朱 彤　　装帧设计：刘丽华

责任校对：王素芹

出版发行：化学工业出版社（北京市东城区青年湖南街13号 邮政编码100011）

印　　装：北京科印技术咨询服务有限公司数码印刷分部

787mm×1092mm 1/16 印张8½ 字数229千字 2021年6月北京第1版第1次印刷

购书咨询：010-64518888　　售后服务：010-64518899

网　　址：http://www.cip.com.cn

凡购买本书，如有缺损质量问题，本社销售中心负责调换。

定　　价：38.00元

前言

随着我国服装产业的发展，童装行业日趋成熟，款式繁多的童装产品促进了童装市场的进一步繁荣。因此，为广大童装行业从业人员提供尽可能多的参考资料，提高相关人士童装设计和裁剪水平是保证童装品质的重要环节。本书通过男童装裁剪范例的收集与梳理，使读者对各年龄段的男童装裁剪有综合和全面了解，便于理解和运用书中的知识，进行相关的设计工作。

本书是在参考了近百件男童装样衣的基础上编写而成的，款式实用，制图方法简便。全书共分四大部分：第一部分为服装制图基础知识，使读者初步了解服装裁剪制图的基础常识，以及男童装的量体和尺寸数据；第二部分为上装结构制图，分为T恤、衬衫、背心及马甲、夹克、卫衣、西装及外套、棉服与羽绒服共七个类别；第三部分为下装结构制图，主要为各类裤装；第四部分为连身装及套装结构制图。全书每个款式范例都提供了款式说明、正背面款式图、面辅料介绍、规格尺寸表、裁剪图及部分工艺示意图。该书适合服装专业学生、服装企业技术人员及广大服装爱好者学习和使用。

本书精心挑选了90例较为经典、时尚的男童装款式，书中所有制图均采用Coreldraw软件按比例绘制，内容翔实，全面介绍了男童装常见款式的裁剪制图原理及方法。本书图、表所采用的单位均为厘米，为简洁起见，书中仅标注数字，未标注单位。

本书由袁惠芬、王竹君（东华大学博士生）、顾春华著，袁惠芬负责全书的组织与统稿，袁惠芬、王竹君、顾春华共同完成所有制图绘制及文字编写工作，感谢汪东升同学协助完成部分内容的整理工作。

由于时间和水平有限，书中难免有疏漏和不足，恳请读者指正。

著者

2021年2月

目录

第一章　服装制图基础知识

第二章　上装结构制图

第一章

服装制图基础知识

一、服装制图及裁剪工具

① 直尺　绘制直线时使用，可根据需要选择长度，专业人员大多选择放码专用直尺，方便绘制工业样板。

② 三角尺　用于绘制垂直的部位或校正制图，既可以用普通的绘图三角尺，也可以用专业制板三角尺。

③ 曲线板　用于服装制图中不同曲度的线条绘制，制板专用曲线板有多种型号。一般建议准备两种：一种用于绘制长度较长的曲线，如裤侧缝、袖侧缝等部位；另一种用于绘制长度较短、弯曲较大的曲线，如领口、裆弯等部位。

④ 卷尺　也称软尺，用于人体测量或测量样板曲线长度。

⑤ 画粉　用于布料上绘制服装制图。建议选用较薄、划线清晰、结实耐用的品种。

⑥ 铅笔　用于纸上制图，一般基础线选用 HB 型或 H 型铅笔，笔芯细度 0.2～0.3cm；轮廓线选用 B 型或 HB 型铅笔，笔芯细度 0.5cm 左右。

⑦ 褪色笔　用于布料上临时划线或标记用，一段时间后标记自动消失。

⑧ 裁剪剪刀　用于裁剪布料或纸样，根据使用者手掌大小选择合适型号。由于布料和纸样对刀口损伤不同，建议准备两把剪刀，剪布和剪纸时分开使用。

⑨ 锥子　用于纸样或布料中间定位点标记，如省尖、袋位等。

⑩ 纱剪　多用于剪线头。

⑪ 镊子　用于缝纫时整理衣片细小的部位或夹除线头。

⑫ 拆线器　用于已缝纫部位的拆解。

⑬ 顶针　用于手针缝制时，推针穿过布料。

二、常用服装制图的图线与符号

表 1-1 常用服装制图的图线与符号

名 称	图 线	说 明
粗实线		表示衣片结构的轮廓线或制成线
粗虚线		表示衣片对折连裁的线
细实线		表示制图的基础线、尺寸线
点画线		表示衣身下层部件的结构线，如贴边、过面或袋布
布纹方向线		表示布料经纱的丝缕方向
顺向线		表示有倒顺差异的面料、毛绒或花型的顺向方向
等分符号		表示线段被等分成若干个同等尺寸
直角符号		表示该端角必须为直角
缩缝符号		表示该部位缩缝为碎褶
合并符号		表示纸样的两个部位需合并，形成一个完整衣片
等长符号		表示标记部位的长度相同
褶裥符号		表示褶裥的方向由斜线高的方向向斜线低的方向折叠
省位符号		表示该部位省的形状及位置
同寸符号	■ □ ● ○ ▲ △	用符号表示该部位量取后的尺寸
纽扣符号	○ ＋	表示衣服纽扣及扣眼的位置

三、常用服装制图部位代号

表 1-2　常用服装制图部位代号

字母代号	部位	英文名称	字母代号	部位	英文名称
B	胸围	Bust	KL	中裆线或膝盖线	Knee Line
W	腰围	Waist	AH	袖窿	Arm Hole
H	臀围	Hip	BP	胸高点	Bust Point
N	领围	Neck	SP	肩点	Shoulder Point
BL	胸围线	Bust Line	SNP	领肩点	Side Neck Point
WL	腰围线	Waist Line	FNP	前领点	Front Neck Point
HL	臀围线	Hip Line	BNP	后领点	Back Neck Point
EL	肘线	Elbow Line	HS	头围	Head Size

四、人体常用部位测量

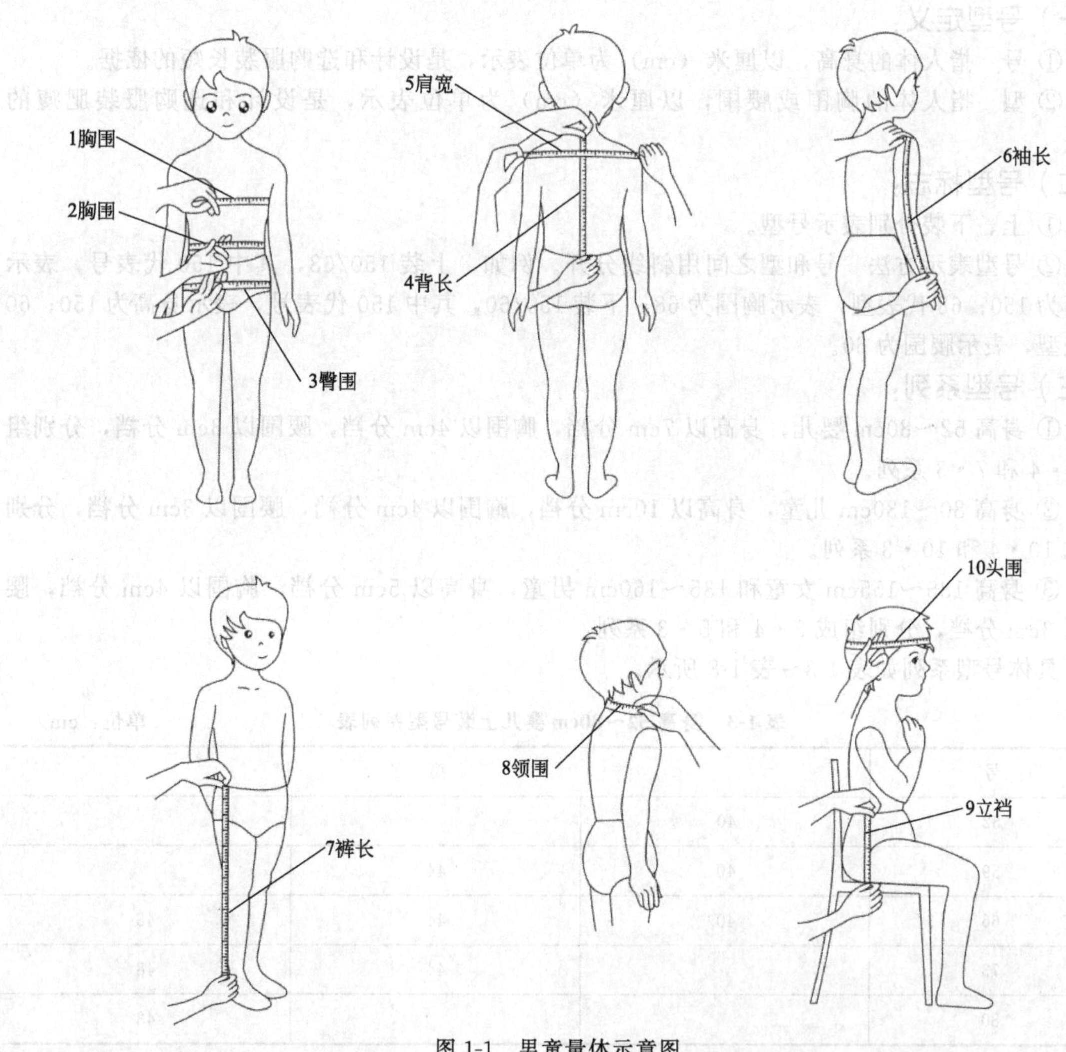

图 1-1　男童量体示意图

① 胸围　软尺围绕胸部水平一周的长度，软尺不松不紧围量，以软尺不滑落为准。

② 腰围　软尺围绕腰部最细处水平一周的长度，软尺不松不紧围量。

③ 臀围　软尺围绕臀部最丰满处水平一周的长度，从侧面观察臀部最凸处测量，软尺不松不紧围量。

④ 背长　从第七颈椎处顺背形至腰围线处的长度。

⑤ 肩宽　左右两个肩点的宽度，顺肩形测量。

⑥ 袖长　从肩点顺手臂至袖口位置的长度。

⑦ 裤长　从腰围线至裤口的长度。

⑧ 领围　软尺围量颈根部一周的长度，放 1～2 个手指松量。

⑨ 立裆　被测量者取坐姿，软尺测量从腰围线至椅面的长度。

⑩ 头围　软尺经额头、后枕骨围量头部一周的长度，软尺不松不紧围量。

五、规格尺寸

我国儿童服装号型主要是依据 GB/T 1335。该标准规定了婴幼儿和儿童服装的号型定义、号型标志、号型系列等内容。

（一）号型定义：

① 号　指人体的身高，以厘米（cm）为单位表示，是设计和选购服装长短的依据。

② 型　指人体的胸围或腰围，以厘米（cm）为单位表示，是设计和选购服装肥瘦的依据。

（二）号型标志：

① 上、下装分别表示号型。

② 号型表示方法　号和型之间用斜线分开。例如，上装 150/68，其中 150 代表号，表示身高为 150；68 代表型，表示胸围为 68；下装 150/60，其中 150 代表号，表示身高为 150；60 代表型，表示腰围为 60。

（三）号型系列：

① 身高 52～80cm 婴儿，身高以 7cm 分档，胸围以 4cm 分档，腰围以 3cm 分档，分别组成 7・4 和 7・3 系列。

② 身高 80～130cm 儿童，身高以 10cm 分档，胸围以 4cm 分档，腰围以 3cm 分档，分别组成 10・4 和 10・3 系列。

③ 身高 135～155cm 女童和 135～160cm 男童，身高以 5cm 分档，胸围以 4cm 分档，腰围以 3cm 分档，分别组成 5・4 和 5・3 系列。

具体号型系列如表 1-3～表 1-8 所示。

表 1-3　身高 52～80cm 婴儿上装号型系列表　　单位：cm

号	型		
52	40		
59	40	44	
66	40	44	48
73		44	48
80			48

表 1-4　身高 52～80cm 婴儿下装号型系列表　　单位：cm

号	型		
52	41		
59	41	44	
66	41	44	47
73		44	47
80			47

表 1-5　身高 80～130cm 儿童上装号型系列表　　单位：cm

号	型				
80	48				
90	48	52	56		
100	48	52	56		
110		52	56		
120		52	56	60	
130			56	60	64

表 1-6　身高 80～130cm 儿童下装号型系列表　　单位：cm

号	型				
80	47				
90	47	50	53		
100	47	50	53		
110		50	53		
120		50	53	56	
130			53	56	59

表 1-7　身高 135～160cm 男童上装号型系列表　　单位：cm

号	型					
135	60	64	68			
140	60	64	68			
145		64	68	72		
150		64	68	72		
155			68	72	76	
160				72	76	80

表 1-8 身高 135～160cm 男童下装号型系列表　　单位：cm

号	型					
135	54	57	60			
140	54	57	60			
145		57	60	63		
150		57	60	63		
155			60	63	66	
160				63	66	69

第二章

上装结构制图

一、T恤

1. 幼童长袖T恤

(1) 款式说明

长袖T恤既可以外穿，也可以作为打底衫。本款为长袖T恤基本款，领口采用罗纹领口设计，左胸有一贴袋。

图 2-1 幼童长袖T恤款式图

(2) 面料、辅料

面料：精梳棉针织汗布。

辅料：同色针织罗纹布。

(3) 成衣规格

表 2-1 幼童长袖T恤成衣规格

部位 规格	后衣长	肩宽	胸围	袖长	袖肥	袖口	适合年龄
90/52	35	22	56	34	24	16	2～3岁

（4）结构制图

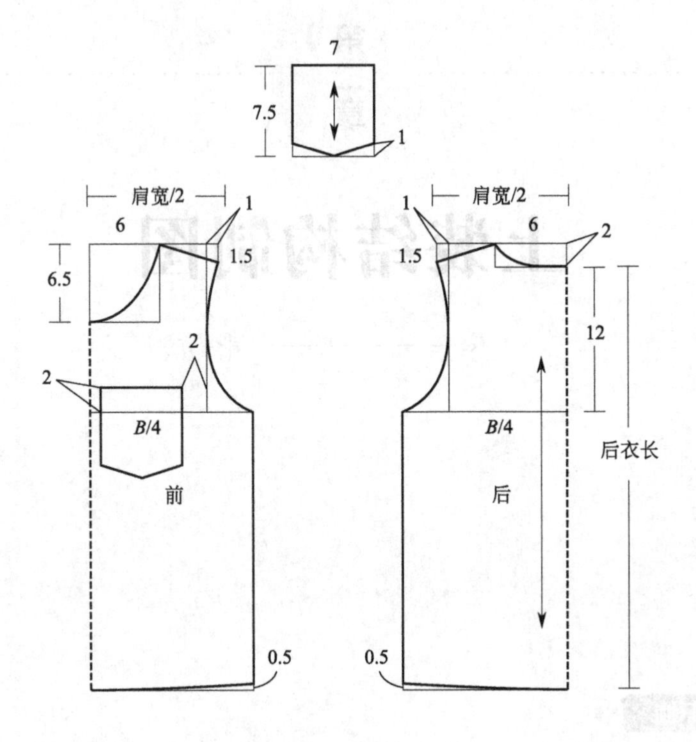

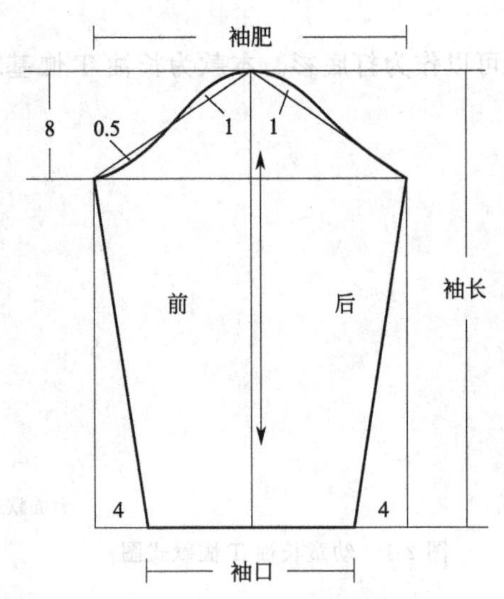

图 2-2　幼童长袖 T 恤结构制图

2. 幼童短袖拼接 T 恤

（1）款式说明

本款短袖 T 恤采用收身设计，衣身采用针织汗布，舒适透气，领口采用针织罗纹面料；衣身采用横向分割设计。

（2）面料、辅料

面料：针织汗布。

辅料：针织罗纹。

图 2-3 幼童短袖拼接 T 恤款式图

（3）成衣规格

表 2-2 幼童短袖拼接 T 恤成衣规格

部位 规格	后衣长	肩宽 S	胸围 B	摆围	袖口	适合年龄
75/44	32	22	56	56	21	1 岁

（4）结构制图

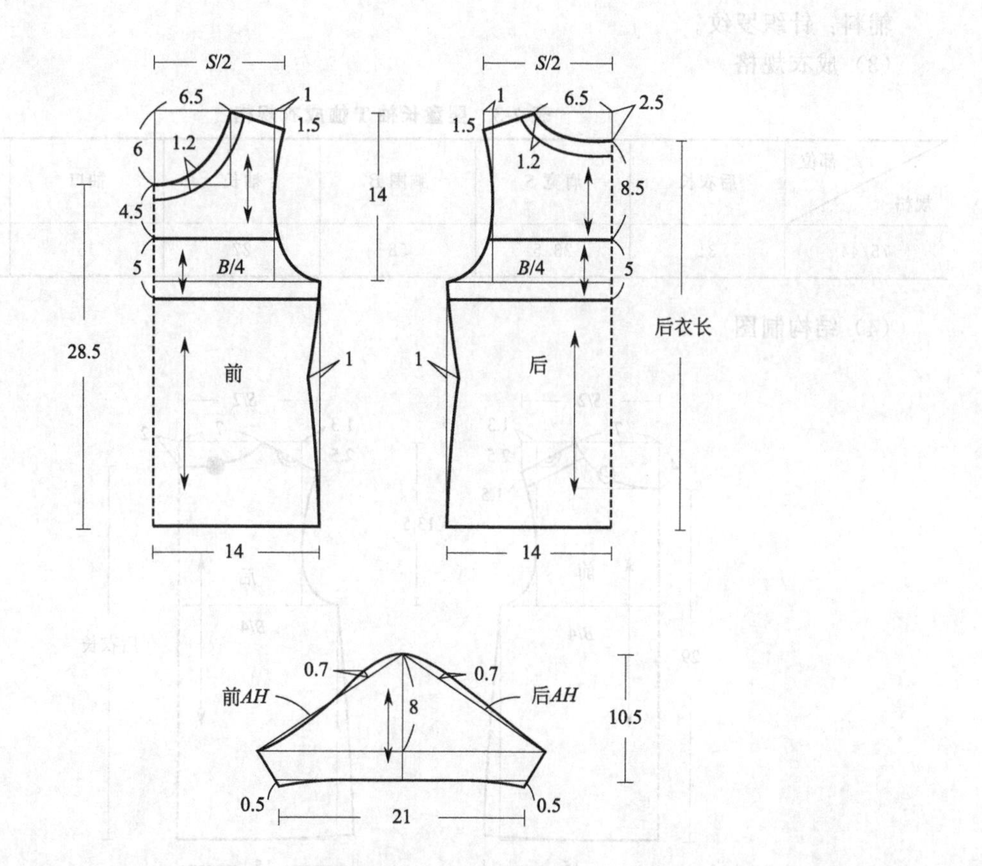

图 2-4 幼童短袖拼接 T 恤结构制图

3. 婴童长袖 T 恤

（1）款式说明

本款长袖 T 恤衣身造型宽松，前片采用过肩设计，既可外穿，也可作为春秋夹克外套、马甲等服装的内搭。

图 2-5 婴童长袖 T 恤款式图

（2）面料、辅料

面料：全棉针织汗布。

辅料：针织罗纹。

（3）成衣规格

表 2-3 婴童长袖 T 恤成衣规格

规格＼部位	后衣长	肩宽 S	胸围 B	袖长	袖口	适合年龄
75/44	31	23.5	58	27	16	1 岁

（4）结构制图

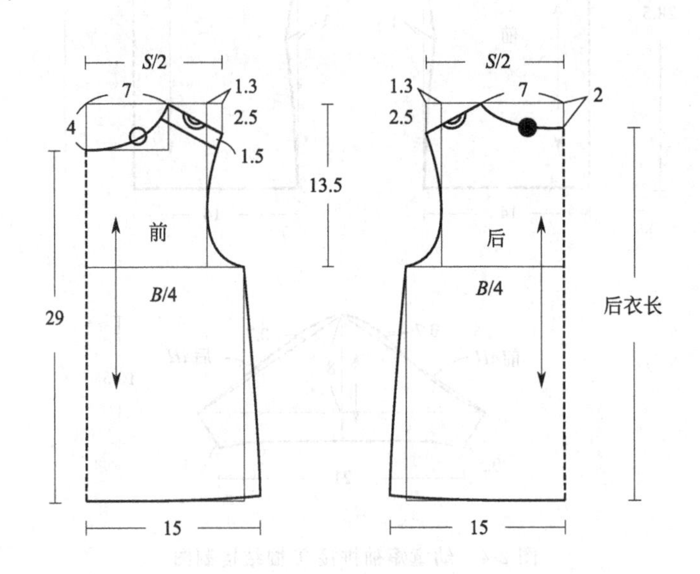

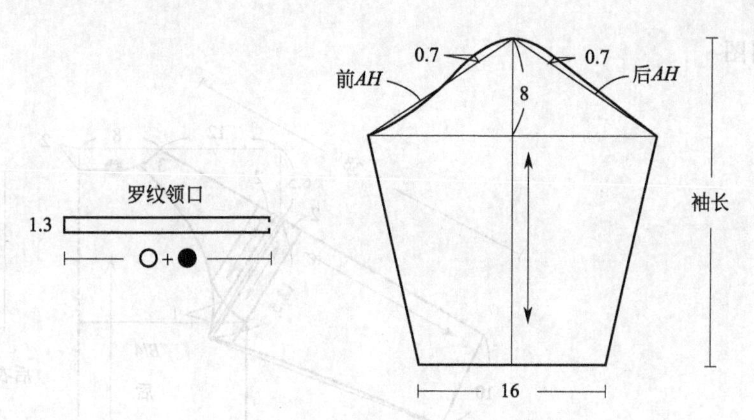

图 2-6 婴童长袖 T 恤结构制图

4. 幼童插肩袖 T 恤

（1）款式说明

本款长袖 T 恤采用插肩袖设计。前后袖片采用不同位置的拼接设计，衣身面料图案与袖子采用不同设计，包边圆领设计，舒适不易变形。

图 2-7 幼童插肩袖 T 恤款式图

（2）面料、辅料

面料：100％棉。

辅料：针织罗纹。

（3）成衣规格

表 2-4 幼童插肩袖 T 恤成衣规格

部位 规格	后衣长	胸围	摆围	袖口	适合年龄
90/52	39	66	66	19	2岁

（4）结构制图

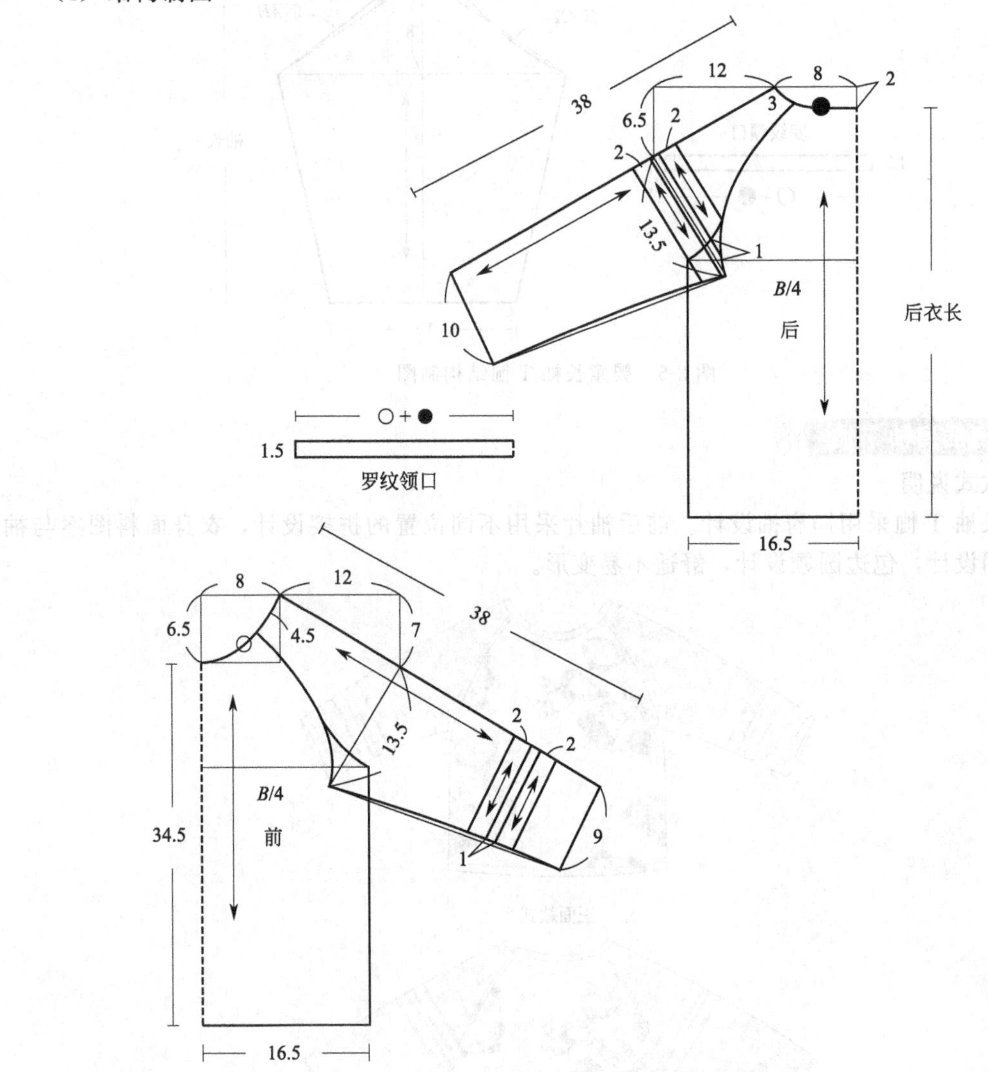

图 2-8　幼童插肩袖 T 恤结构制图

5. 小童短袖 T 恤

（1）款式说明

本款为短袖 T 恤基本款，衣身采用针织汗布，领口采用针织罗纹面料。

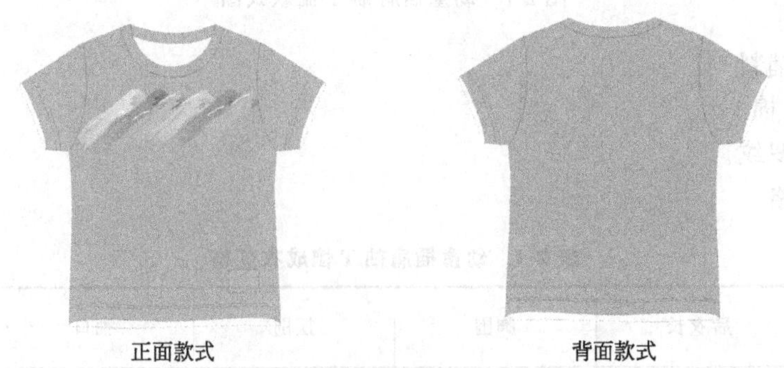

图 2-9　小童短袖 T 恤款式图

(2) 面料、辅料

面料：精梳棉针织汗布。

辅料：针织罗纹。

(3) 成衣规格

表 2-5 小童短袖 T 恤成衣规格

规格＼部位	后衣长	肩宽	胸围	摆围	袖肥	袖口	袖长	适合年龄
110/52	43	29	66	70	30	22	12	5岁

(4) 结构制图

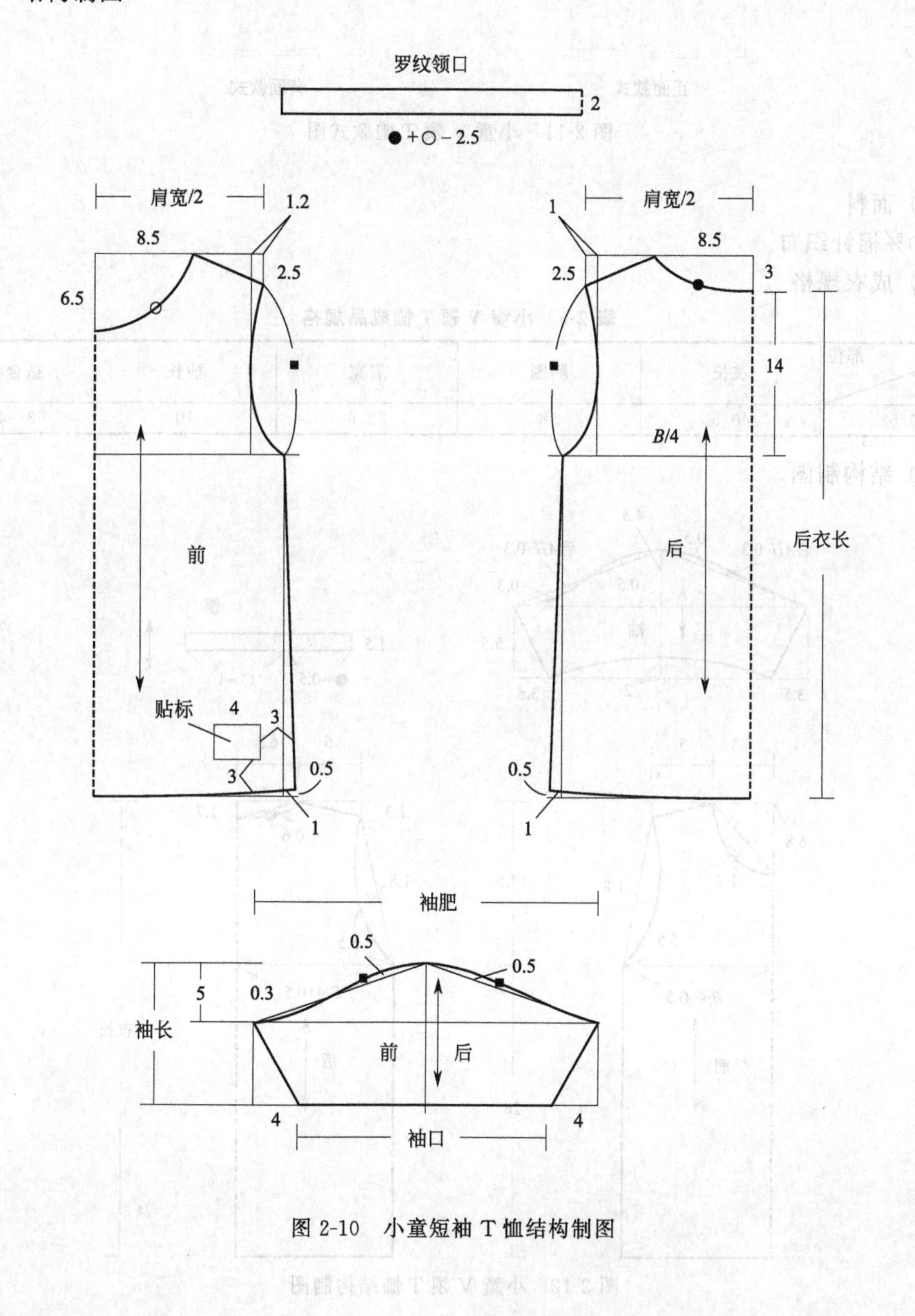

图 2-10 小童短袖 T 恤结构制图

6. 小童V领T恤

(1) 款式说明

本款短袖T恤，V领设计，采用纯棉针织面料，舒适柔软，适合夏季穿着。

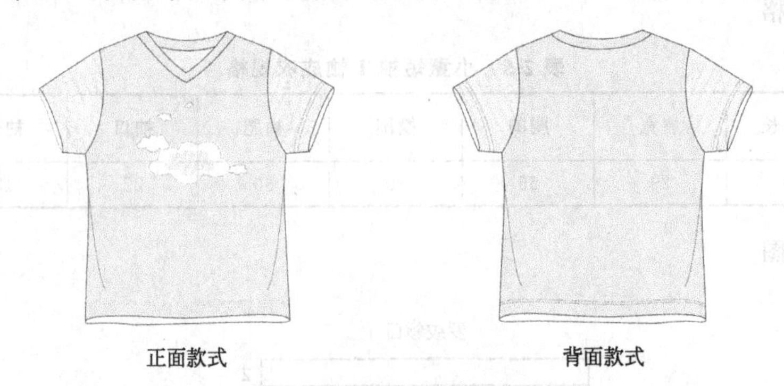

图 2-11　小童V领T恤款式图

(2) 面料

100%棉针织布。

(3) 成衣规格

表 2-6　小童V领T恤成品规格

规格 \ 部位	衣长	胸围	肩宽	袖长	适合年龄
100/52	40.5	58	22.6	10	3～4岁

(4) 结构制图

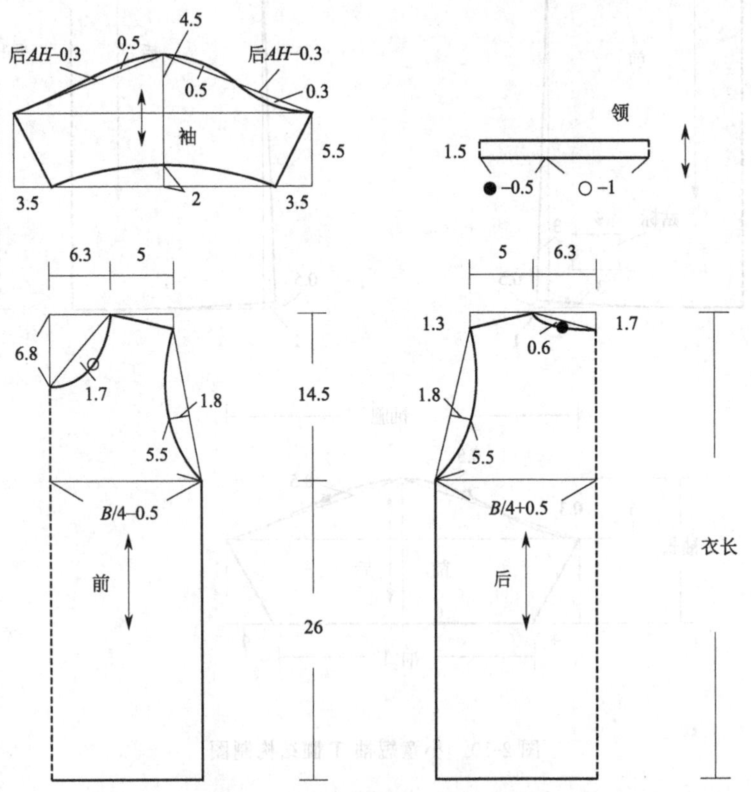

图 2-12　小童V领T恤结构制图

7. 大童衬衫领 T 恤

（1）款式说明

短袖 T 恤常采用针织与梭织拼接的形式。本款 T 恤在衣领和门襟处采用牛津纺面料，使衣领较为硬挺。衣身采用两种针织面料拼接，柔软舒适。

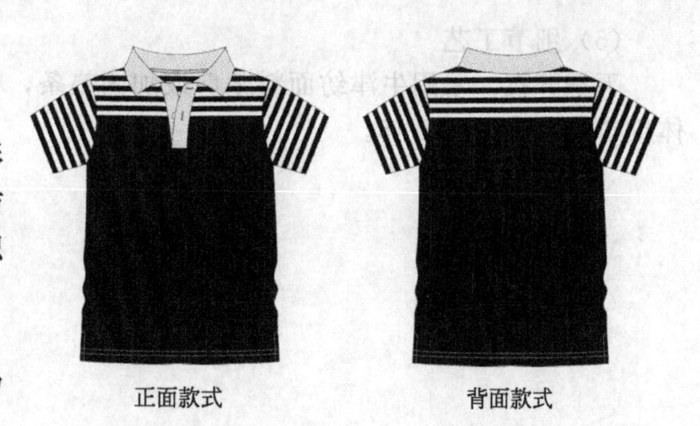

图 2-13　大童衬衫领 T 恤款式图

（2）面料、辅料

面料：衣身为精梳棉针织汗布，领子为全棉牛津纺。

辅料：纽扣，织带。

（3）成衣规格

表 2-7　大童衬衫领 T 恤成衣规格

部位 规格	后衣长	肩宽	胸围	袖长	袖肥	袖口	后领宽	适合年龄
130/64	50	30	76	13	30	26	6	8～9 岁

（4）结构制图

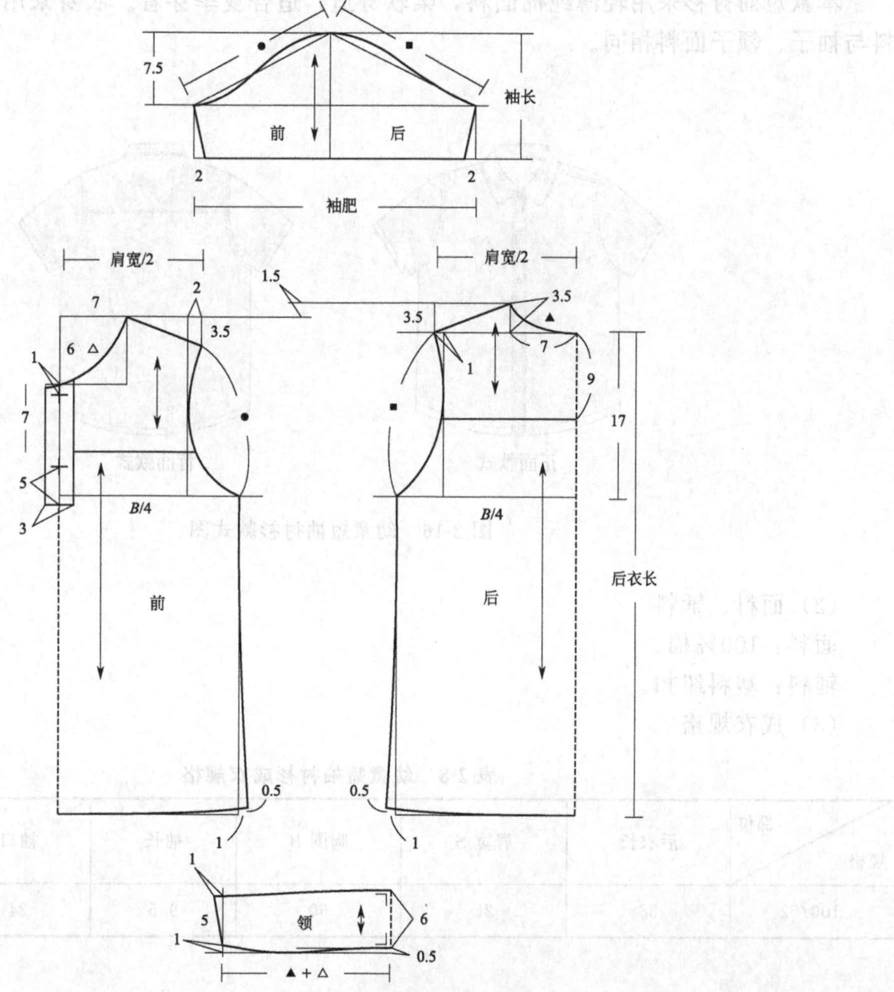

图 2-14　大童衬衫领 T 恤结构制图

(5) 细节工艺

下摆开衩，采用牛津纺面料裁剪成加固垫条，在内侧缝份处缉缝，开衩端点套结加固。具体细节及尺寸见图 2-15。

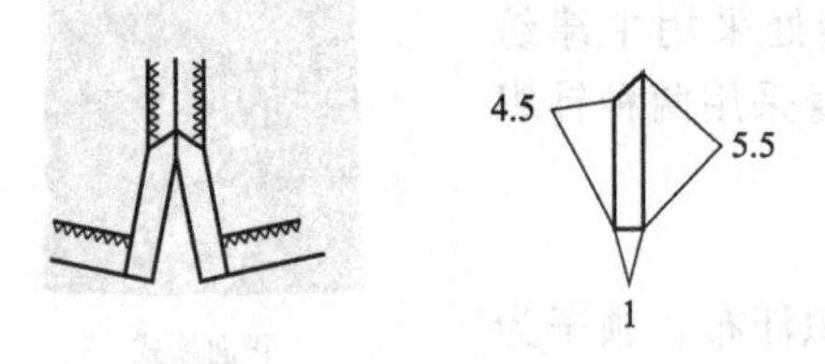

图 2-15　开衩工艺图

二、衬衫

8. 幼童短袖衬衫

(1) 款式说明

本款短袖衬衫采用轻薄纯棉面料，柔软舒适，适合夏季穿着。衣身采用过肩设计，过肩面料与袖子、领子面料相同。

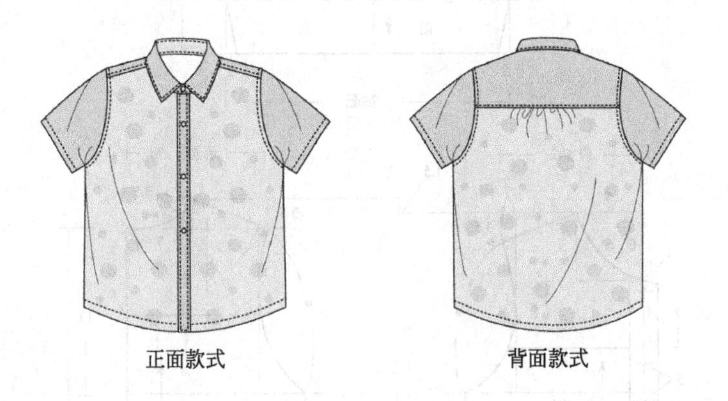

图 2-16　幼童短袖衬衫款式图

(2) 面料、辅料

面料：100%棉。

辅料：塑料纽扣。

(3) 成衣规格

表 2-8　幼童短袖衬衫成衣规格

部位 规格	后衣长	肩宽 S	胸围 B	袖长	袖口	适合年龄
100/52	38	25	60	9.5	24	3～4 岁

（4）结构制图

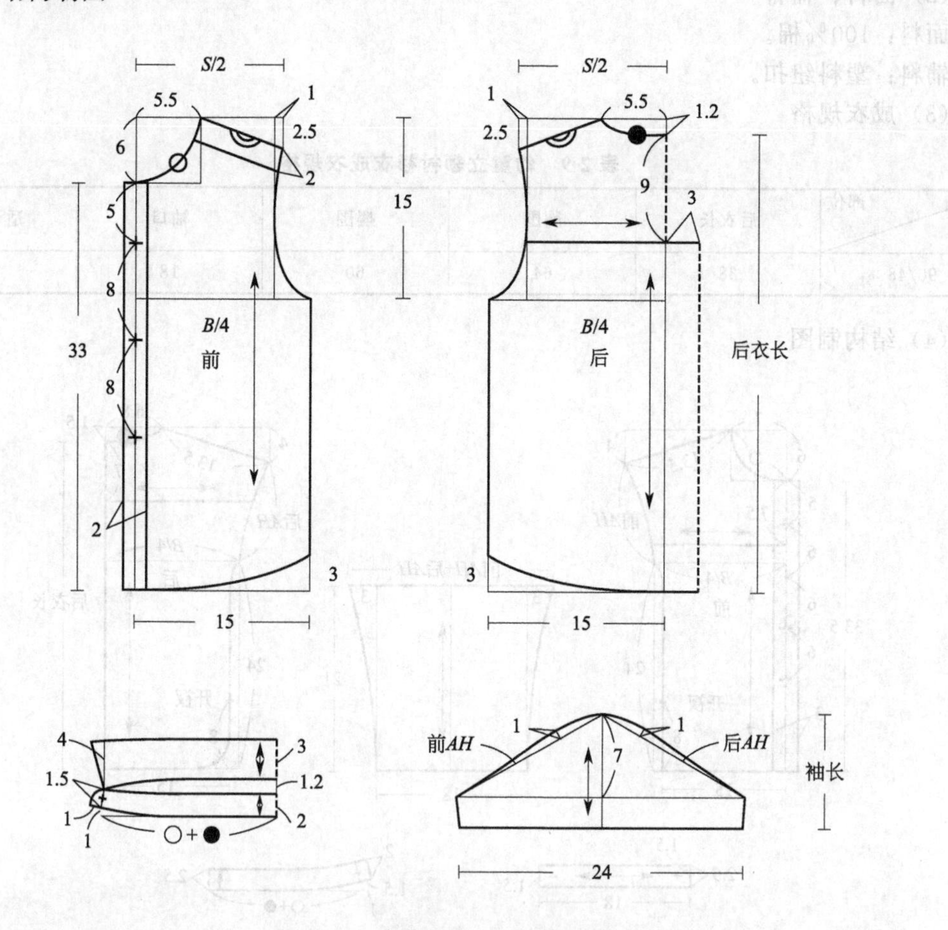

图 2-17　幼童短袖衬衫结构制图

9. 幼童立领衬衫

（1）款式说明

本款幼童衬衫采用立领设计，造型时尚。前后衣身有横向分割设计，下摆采用不同造型设计，侧缝有开衩。

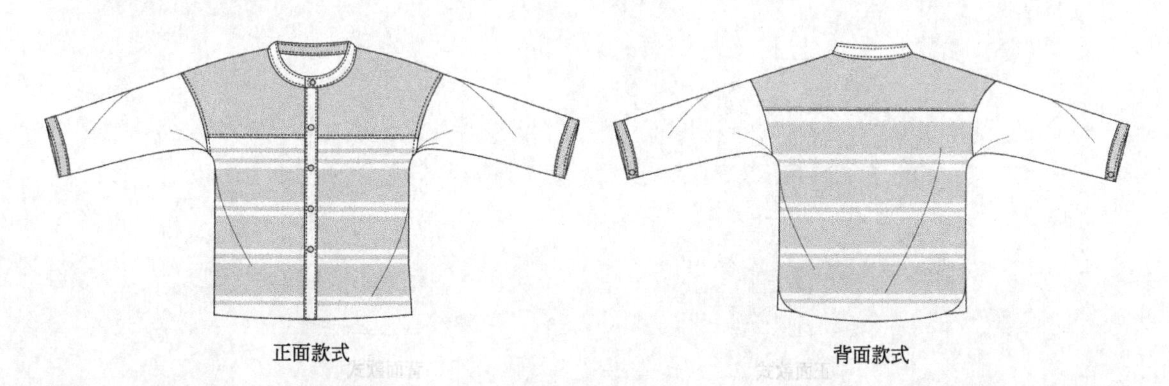

图 2-18　幼童立领衬衫款式图

（2）面料、辅料

面料：100％棉。

辅料：塑料纽扣。

（3）成衣规格

表 2-9　幼童立领衬衫衣成衣规格

规格 \ 部位	后衣长	胸围	摆围	袖口	适合年龄
90/48	38	64	60	18	2 岁

（4）结构制图

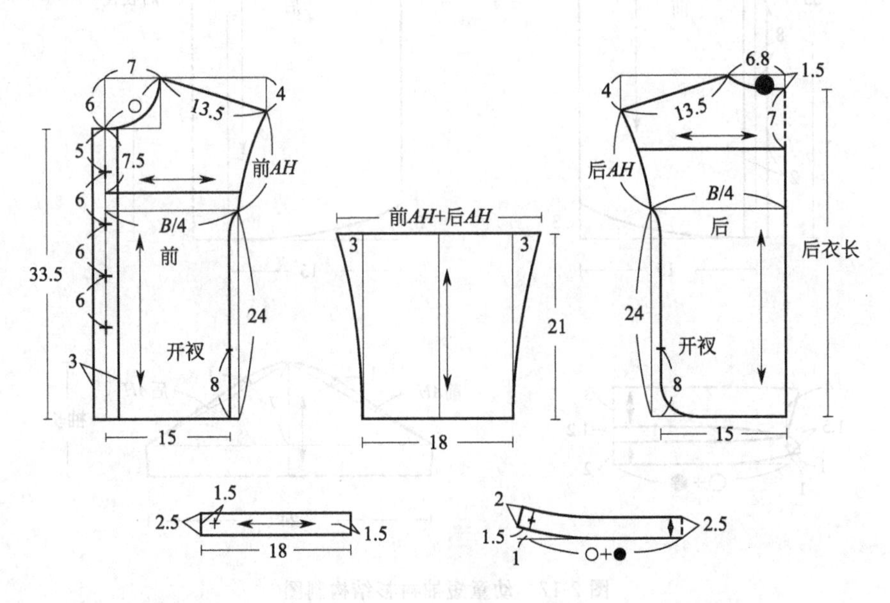

图 2-19　幼童立领衬衫结构制图

10. 小童家居衬衫

(1) 款式说明

本款衬衫为企领，短袖，5 粒扣，明门襟，平下摆。领子和门襟采用撞色面料。

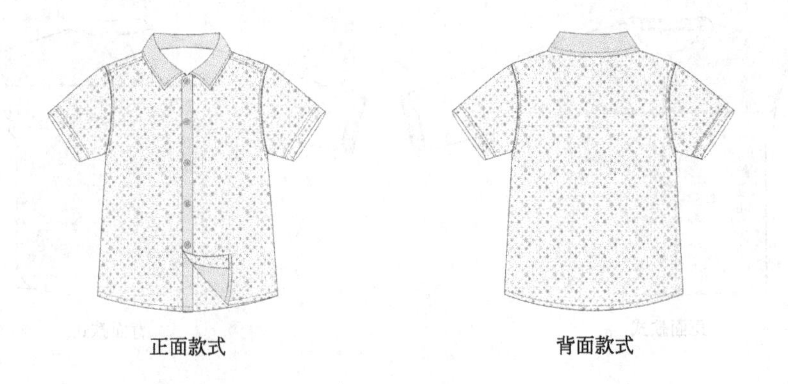

图 2-20　小童家居衬衫款式图

（2）面料、辅料

面料：100％棉。

辅料：树脂扣。

（3）成衣规格

表 2-10　小童家居衬衫成品规格

部位 规格	后衣长	胸围	肩宽	袖长	适合年龄
100/52	39.5	72	28.6	12	3～4 岁

（4）结构制图

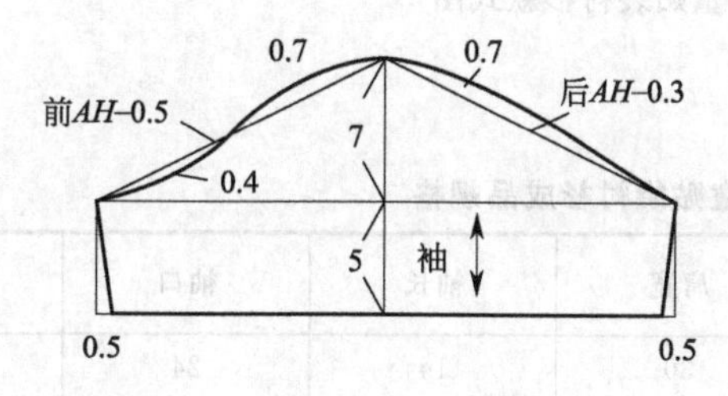

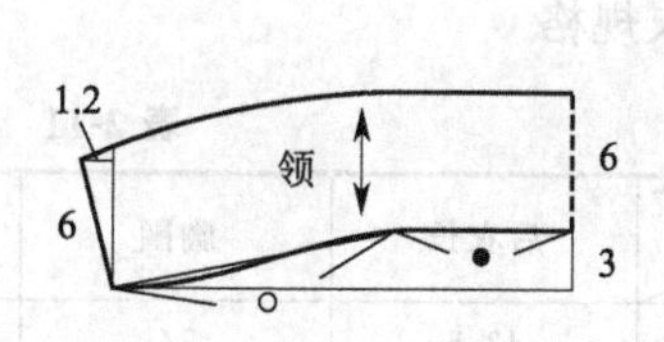

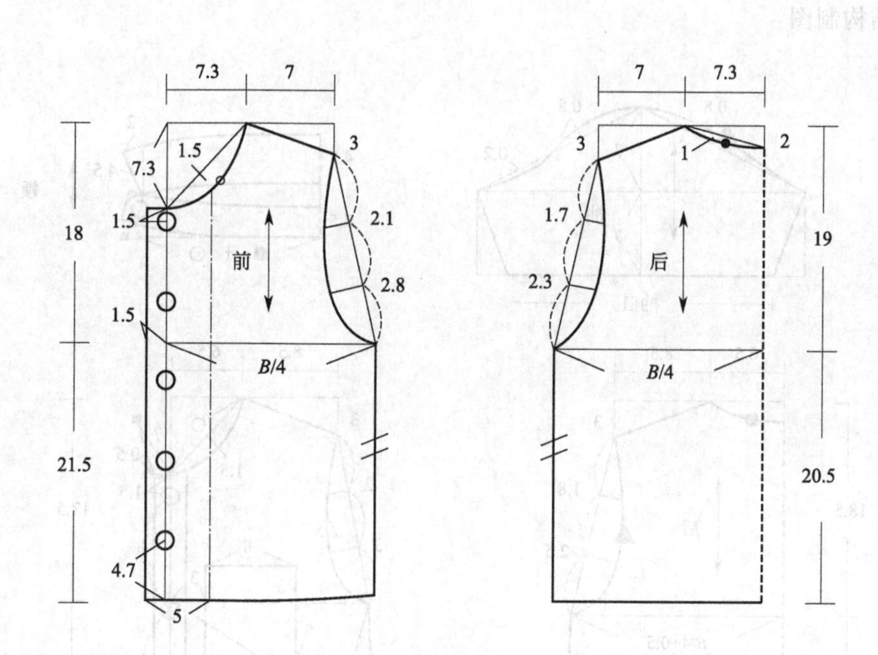

图 2-21　小童家居衬衫结构制图

11. 小童贴袋衬衫

（1）款式说明

本款衬衫采用全棉面料，柔软舒适；分体企领，左胸贴袋，短袖，5 粒扣门襟。

（2）面料、辅料

面料：100％棉。

辅料：树脂扣。

图 2-22　小童贴袋衬衫款式图

(3) 成衣规格

表 2-11　小童贴袋衬衫成品规格

规格＼部位	后衣长	胸围	肩宽	袖长	袖口	适合年龄
110/56	43.5	74	30	14	24	4～5 岁

(4) 结构制图

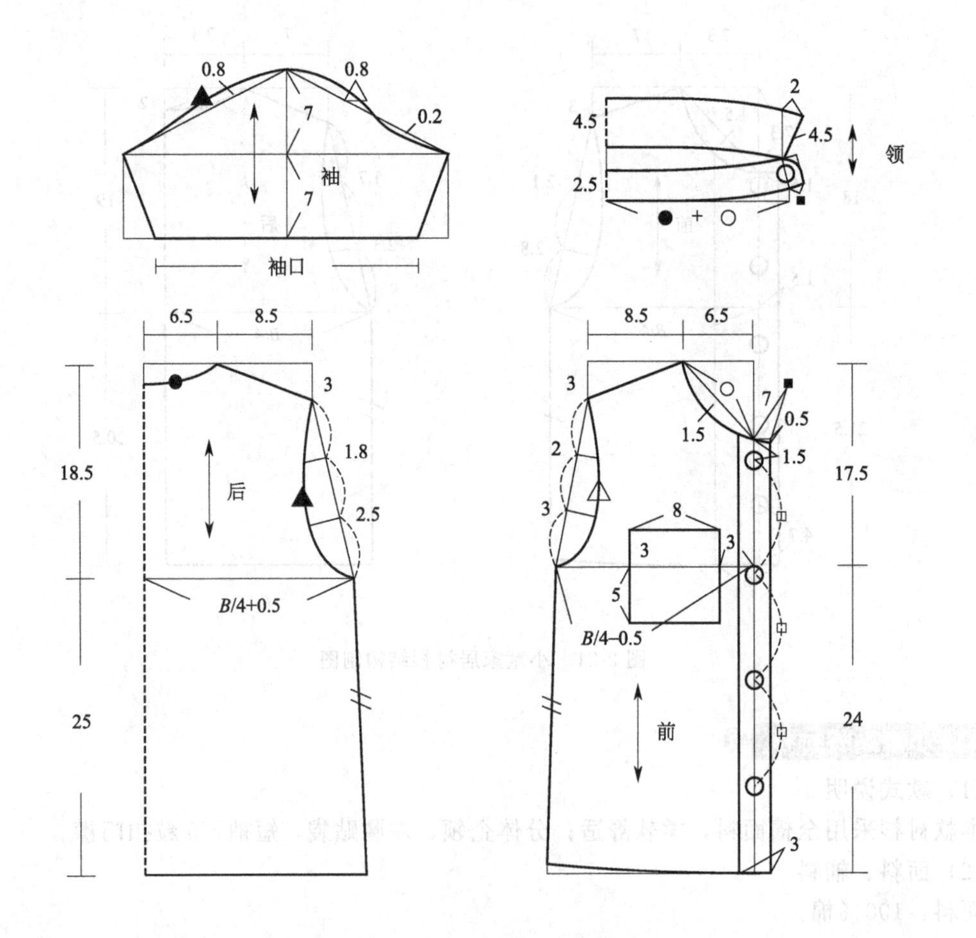

图 2-23　小童贴袋衬衫结构制图

12. 小童落肩袖圆摆衬衫

（1）款式说明

本款衬衫采用全棉面料，穿着舒适，落肩短袖，圆摆。

图 2-24　小童落肩袖圆摆衬衫款式图

（2）面料

全棉水洗布，全棉针织条纹布。

（3）成衣规格

表 2-12　小童落肩袖圆摆衬衫成品规格

部位 规格	后衣长	胸围	肩宽	袖长	适合年龄
100/52	40.5	66	35	14	3～4 岁

（4）结构制图

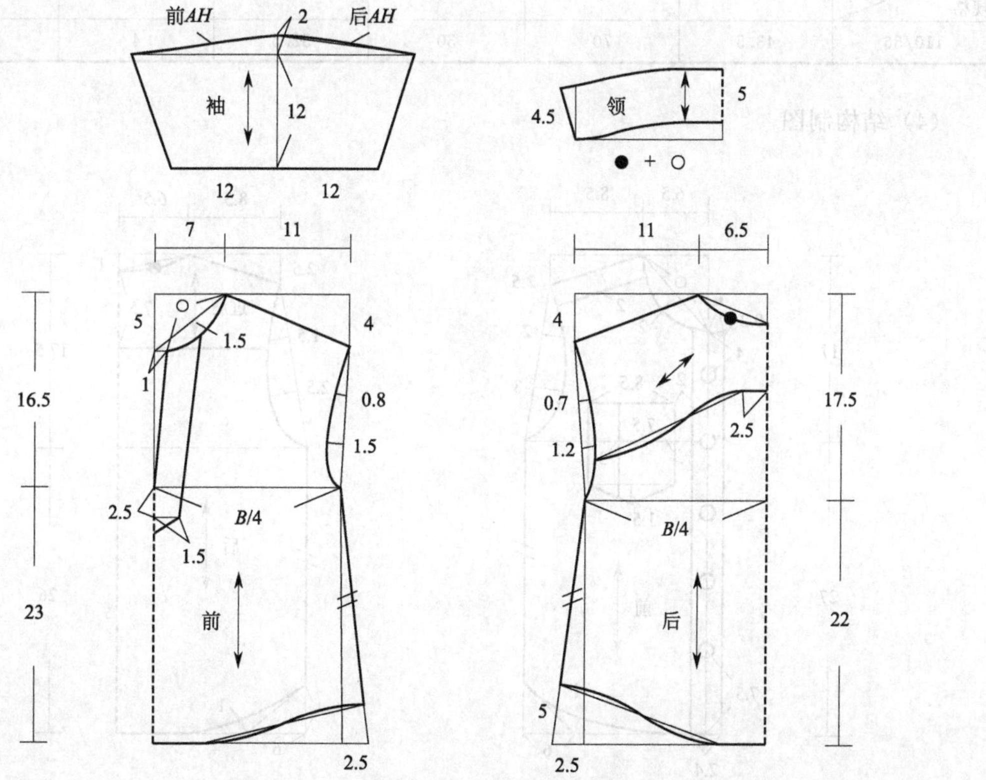

图 2-25　小童落肩袖圆摆衬衫结构制图

13. 小童休闲衬衫

（1）款式说明

本款衬衫为落肩长袖，圆摆，肘部贴缝圆角矩形护肘布。

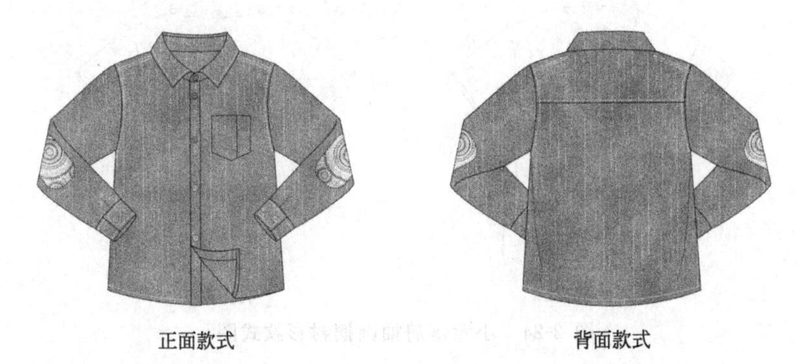

图 2-26 小童休闲衬衫款式图

（2）面料、辅料

面料：衣身为全棉牛仔布，肘部贴布为斜纹印花布。

辅料：树脂扣。

（3）成衣规格

表 2-13 小童休闲衬衫成品规格

规格＼部位	后衣长	胸围	肩宽	袖长	袖克夫	适合身高
110/56	43.5	70	30	32.5	4	4～5 岁

（4）结构制图

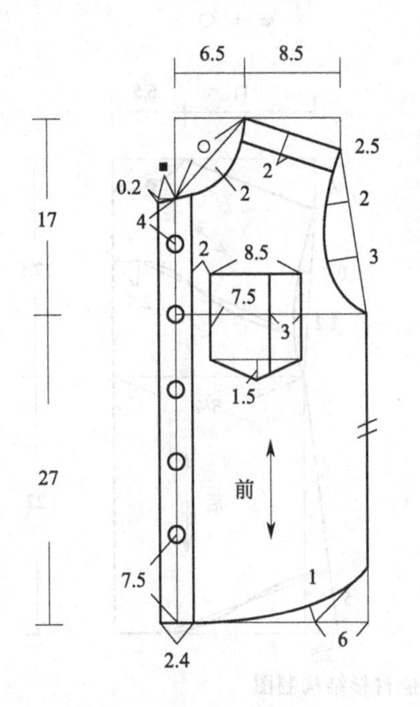

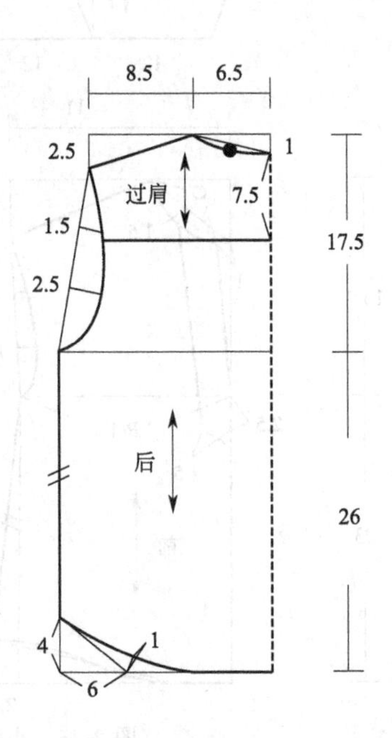

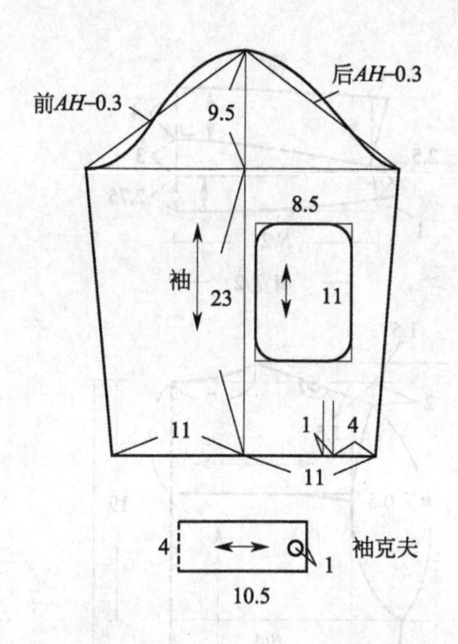

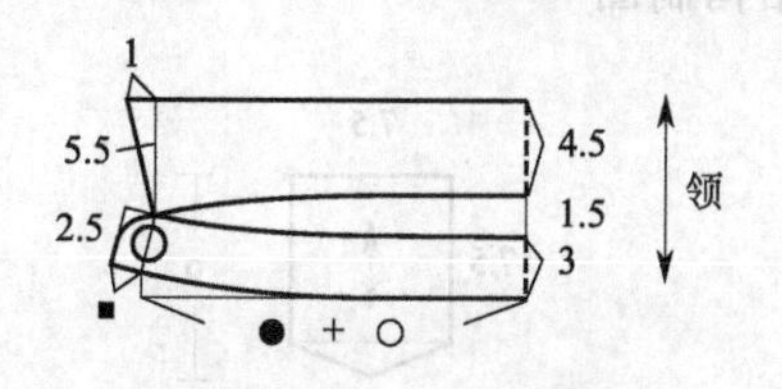

图 2-27 小童休闲衬衫结构制图

14. 小童牛仔短袖衬衫

(1) 款式说明

经过水洗处理后的薄牛仔布，非常适合作为男童的短袖衬衫。本款衬衫在底领、门襟和袖口内侧采用撞色小格子面料，并且与纽扣的色彩相呼应，增加了衬衫整体的细节感。前片胸袋为两个小贴袋，饰以明线装饰，袋口处套结加固。

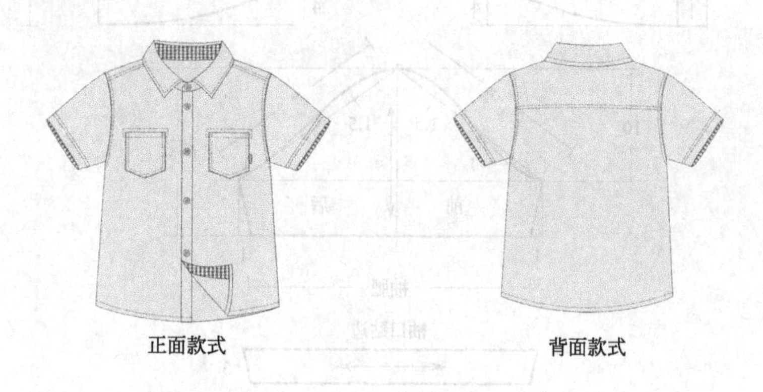

图 2-28 小童牛仔短袖衬衫款式图

(2) 面料、辅料

面料：全棉水洗平纹薄牛仔布，全棉色织小格子布。

辅料：纽扣。

(3) 成衣规格

表 2-14 小童牛仔短袖衬衫成衣规格

部位 规格	后衣长	肩宽	胸围	袖长	袖肥	袖口	领围	适合年龄
120/60	50	33	76	15	28	26	33	6～7 岁

(4) 结构制图

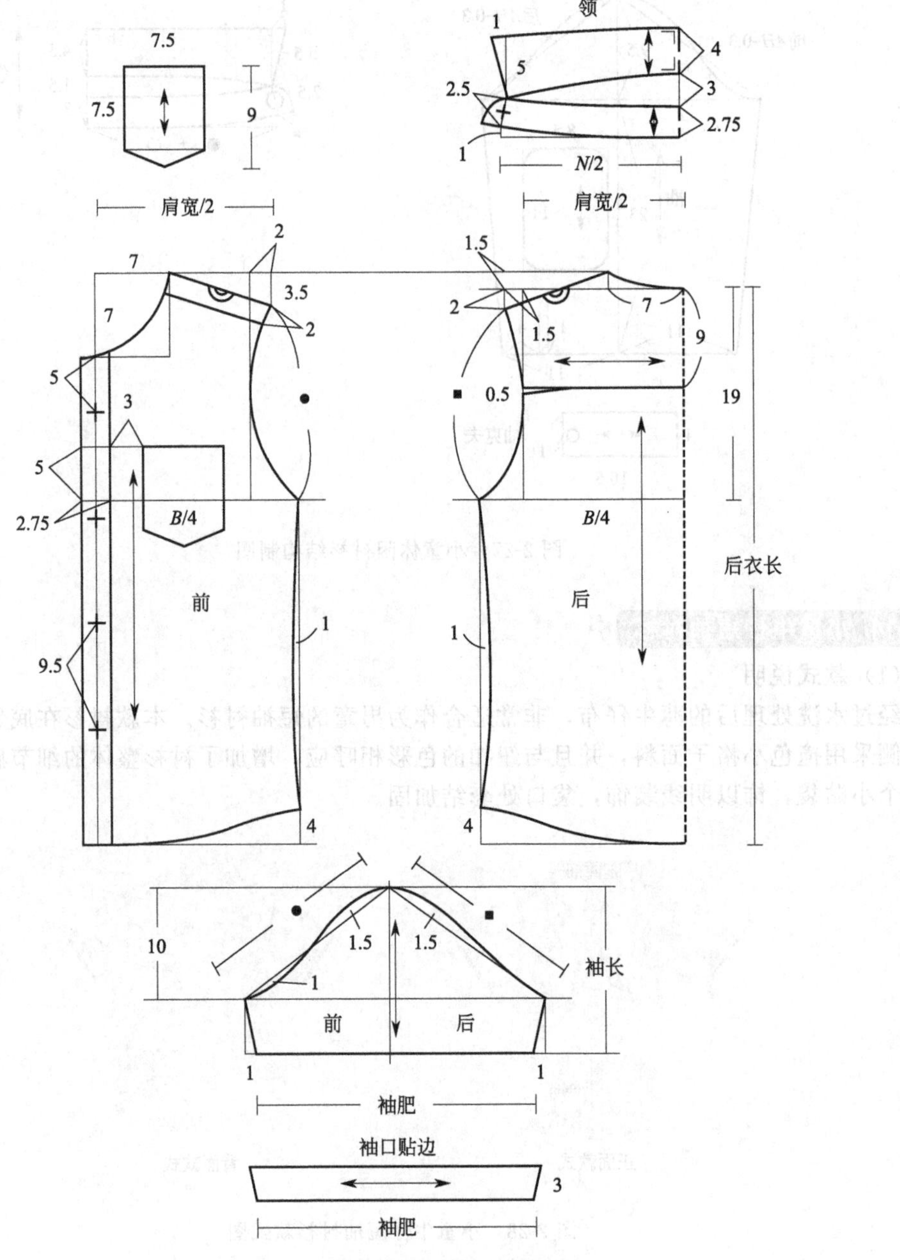

图 2-29 小童牛仔短袖衬衫结构制图

(5) 细节工艺

胸袋采用贴袋工艺，双明线扣压缝，袋口两端套结加固。

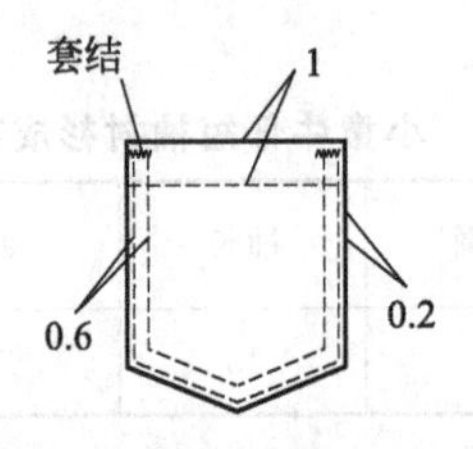

图 2-30 胸袋贴袋工艺图

15. 小童格子长袖衬衫

（1）款式说明

本款衬衫为长袖基本款。在底领里、门襟、过肩里和袖口内侧采用撞色牛津纺面料，纽扣选用色彩各异的塑料纽扣，增加了衬衫整体的活泼感。

图 2-31 小童格子长袖衬衫款式图

（2）面料、里料、辅料

面料：全棉格子布。

里料：里襟、领里、过肩里、袖口里选用全棉牛津纺。

辅料：彩色塑料纽扣。

（3）成衣规格

表 2-15 小童格子长袖衬衫成衣规格

规格＼部位	后衣长	肩宽	胸围	袖长	袖肥	袖口	领围	适合年龄
120/60	44	27	72	39	28	18	28	6～7 岁

（4）结构制图

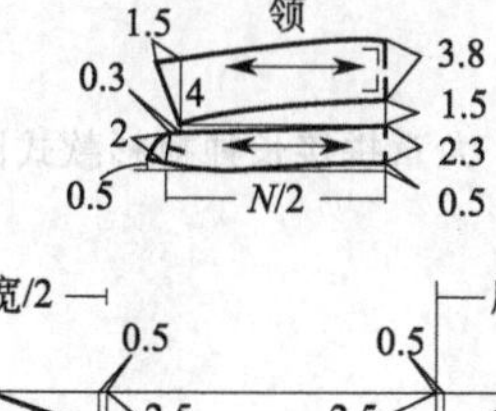

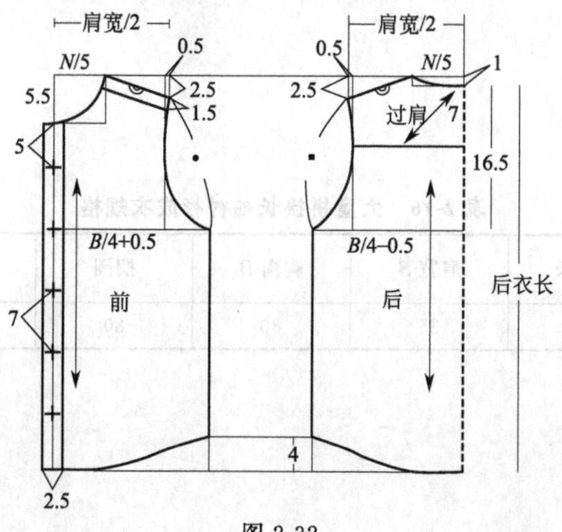

图 2-32

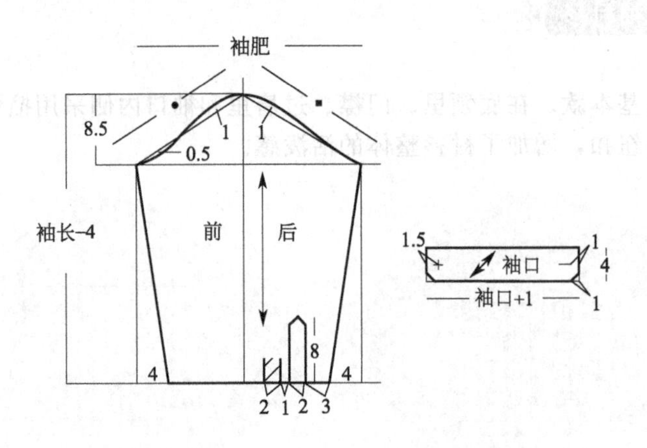

图 2-32 小童格子长袖衬衫结构制图

16. 大童拼接长袖衬衫

(1) 款式说明

本款衬衫采用全棉面料，面料厚度适中，适合春秋穿着。衣身采用过肩设计，前衣片在胸袋上方有一横向分割设计。

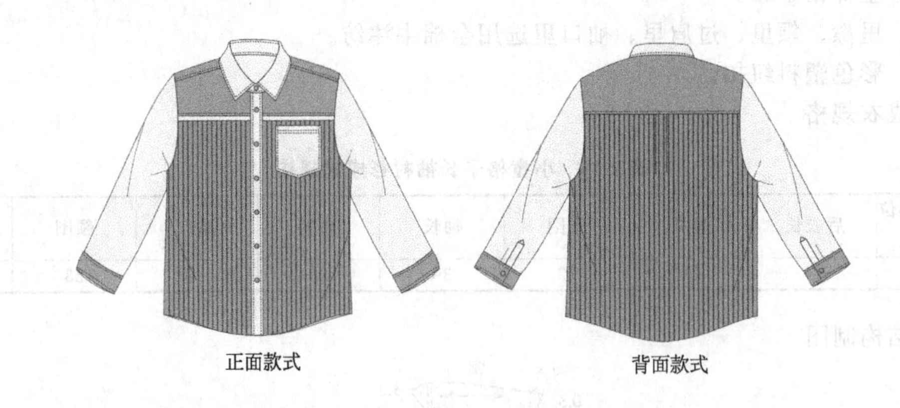

图 2-33 大童拼接长袖衬衫款式图

(2) 面料、辅料

面料：100％棉。

辅料：塑料纽扣。

(3) 成衣规格

表 2-16 大童拼接长袖衬衫成衣规格

规格 \ 部位	后衣长	肩宽 S	胸围 B	摆围	袖口	适合年龄
130/64	54	35	80	80	23.5	7～8 岁

(4) 结构制图

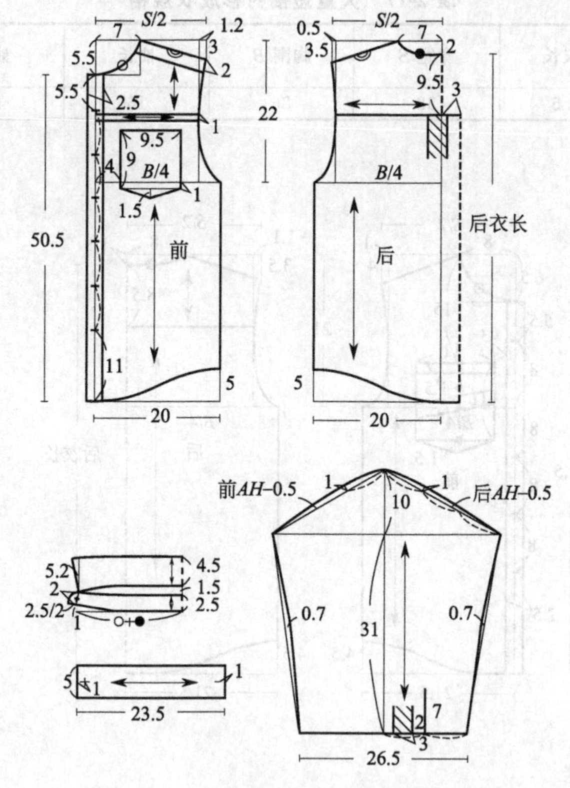

图 2-34　大童拼接长袖衬衫结构制图

17. 大童短袖衬衫

（1）款式说明

本款衬衫采用全棉面料，柔软舒适，适合夏季穿着。后片过肩，袖口采用针织汗布分割设计，胸袋设计时尚。

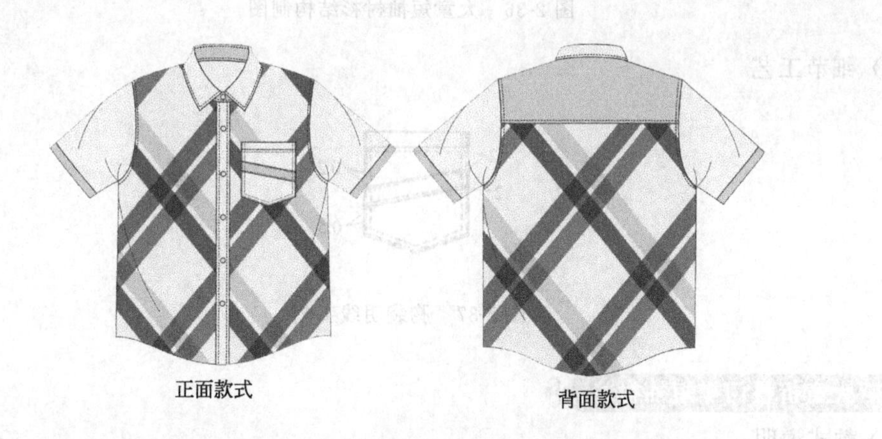

图 2-35　大童短袖衬衫款式图

（2）面料、辅料

面料：100％棉，针织汗布。

辅料：塑料纽扣。

（3）成衣规格

表 2-17 大童短袖衬衫成衣规格

规格＼部位	后衣长	肩宽 S	胸围 B	袖长	袖口	适合年龄
150/72	56.5	38	86	16	29	11～12 岁

（4）结构制图

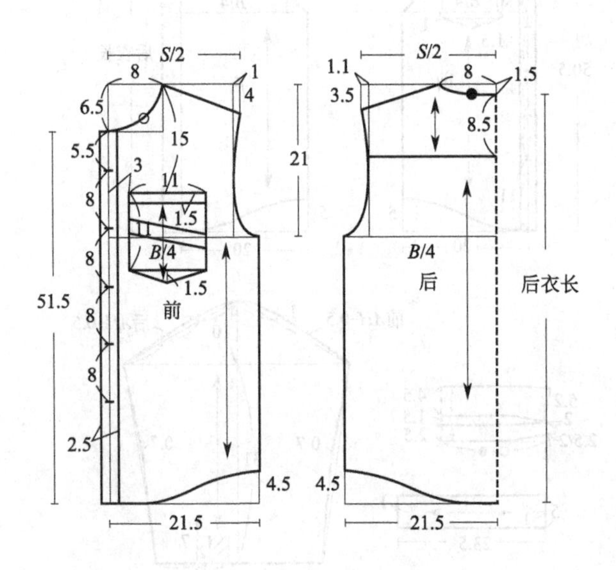

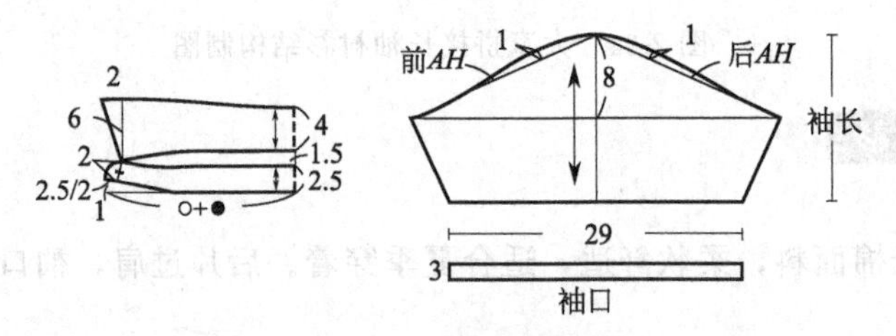

图 2-36 大童短袖衬衫结构制图

（5）细节工艺

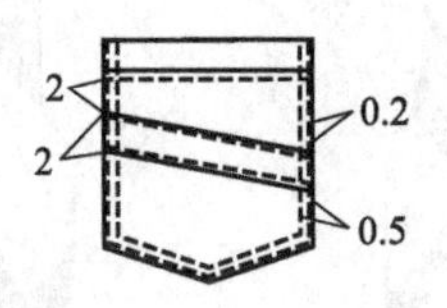

图 2-37 胸袋明线工艺

18. 大童折叠门襟短袖衬衫

（1）款式说明

本款衬衫轻薄透气，适合盛夏季节穿着。明门襟，短袖，袖口有开衩。

（2）面料、辅料

面料：全棉府绸。

辅料：直径 1cm、两孔树脂小纽扣。

（3）成衣规格

图 2-38　大童折叠门襟短袖衬衫款式图

表 2-18　大童折叠门襟短袖衬衫成衣规格

部位 规格	后衣长	肩宽	胸围 B	袖长	袖肥	袖口	领围 N	适合年龄
140/68	53	33	82	17	32	28	34	10～11 岁

（4）结构制图

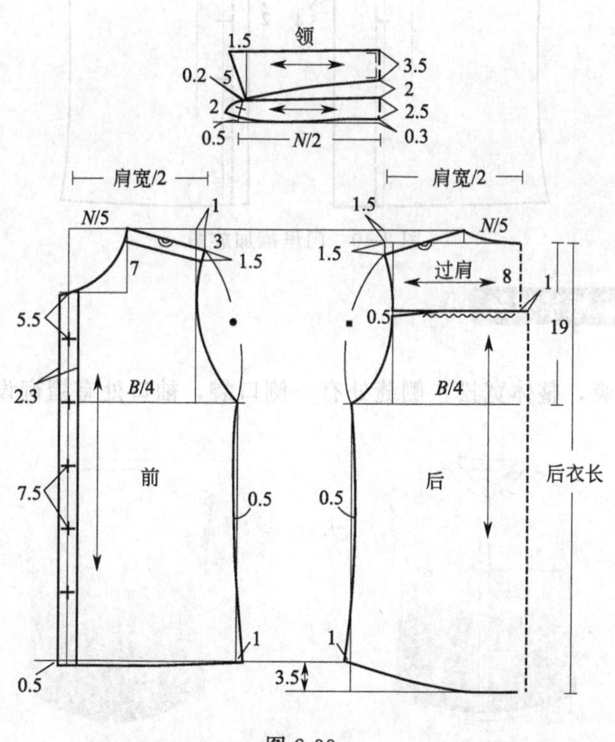

图 2-39

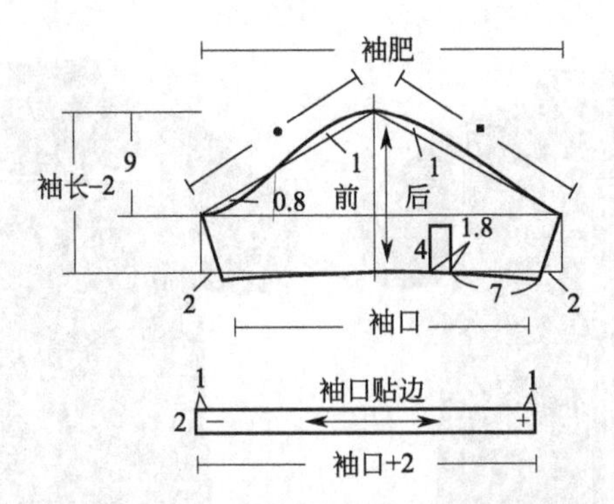

图 2-39 大童折叠门襟短袖衬衫结构制图

(5) 门里襟加放

门里襟采用与衣身连裁，折烫后，缉缝 0.1cm 明线。

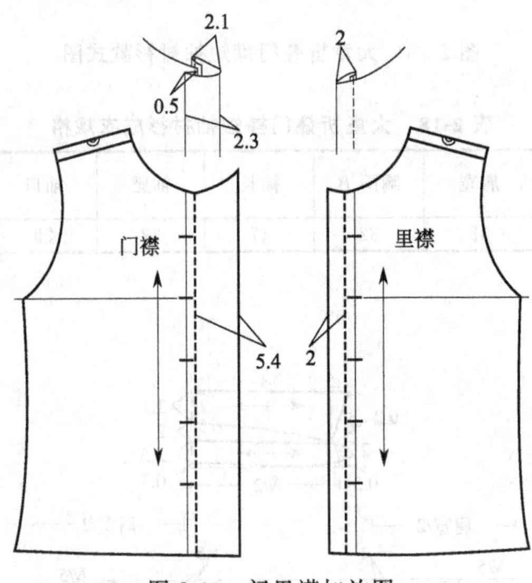

图 2-40 门里襟加放图

19. 大童立领亚麻短袖衬衫

(1) 款式说明

本款衬衫轻薄凉爽，整体宽松，侧缝处有一侧口袋，袖口处有褶裥设计。

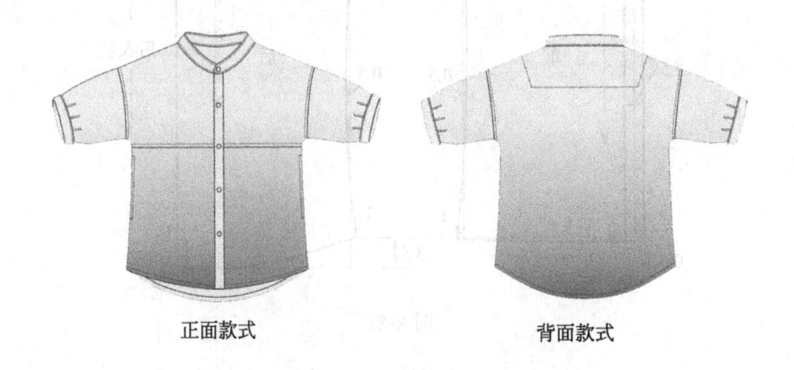

图 2-41 大童立领亚麻短袖衬衫款式图

（2）面料、辅料

面料：平纹薄亚麻布。

辅料：直径 1cm 纽扣。

（3）成衣规格

表 2-19 大童立领亚麻短袖衬衫成衣规格

规格＼部位	后衣长	肩宽	胸围	袖长	袖肥	袖口	领围	适合年龄
150/72	57	47	82	18	34	24	40	12 岁

（4）结构制图

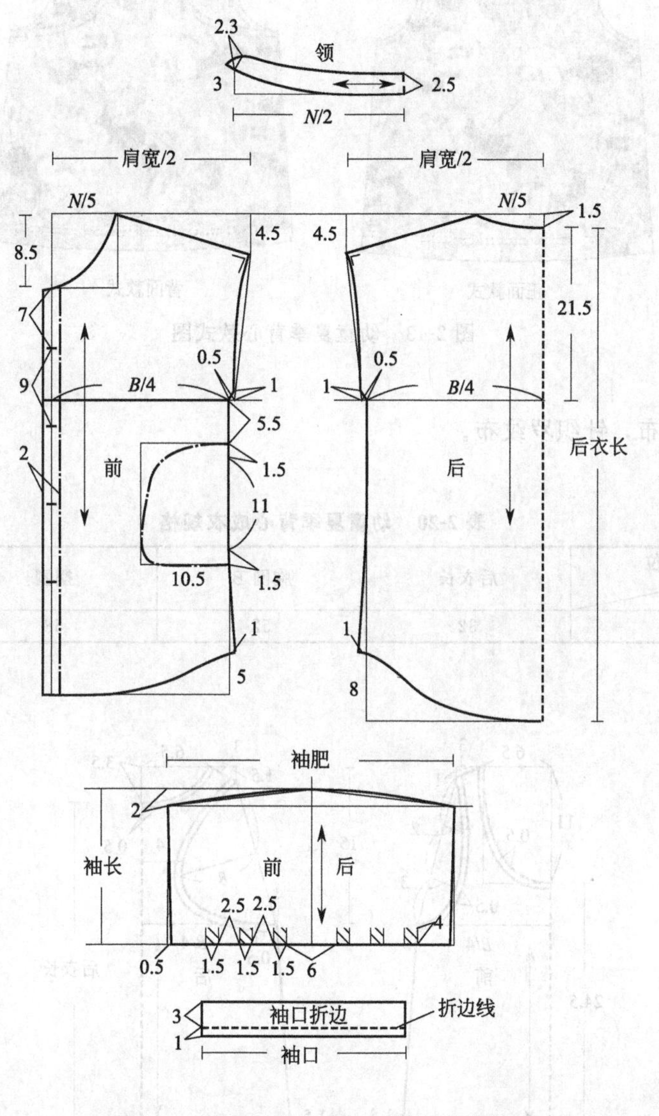

图 2-42 大童立领亚麻短袖衬衫结构制图

三、背心及马甲

20. 幼童夏季背心

（1）款式说明

本款针织弹力背心内穿、外穿都可。领口、袖窿采用针织罗纹布。

正面款式　　背面款式

图 2-43　幼童夏季背心款式图

（2）面料

面料：针织汗布，针织罗纹布。

（3）成衣规格

表 2-20　幼童夏季背心成衣规格

部位 规格	后衣长	胸围 B	摆围	适合年龄
80/48	32	52	58	1～1.5岁

（4）结构制图

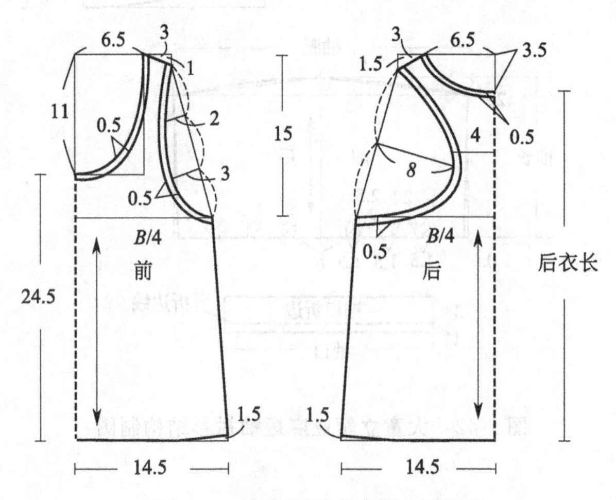

图 2-44　幼童夏季背心结构制图

21. 幼童内搭马甲

(1) 款式说明

本款春秋外穿背心采用双层棉面料，造型宽松，适合在衬衫、T 恤、针织衫等外面穿着，开襟设计便于穿脱。

图 2-45　幼童内搭马甲款式图

(2) 面料、里料、辅料

面料、里料：100％棉。

辅料：针织罗纹布，塑料纽扣。

(3) 成衣规格

表 2-21　幼童内搭马甲成衣规格

规格＼部位	后衣长	肩宽 S	胸围 B	摆围	适合年龄
80/48	30	21.5	58	60	1～1.5 岁

(4) 结构制图

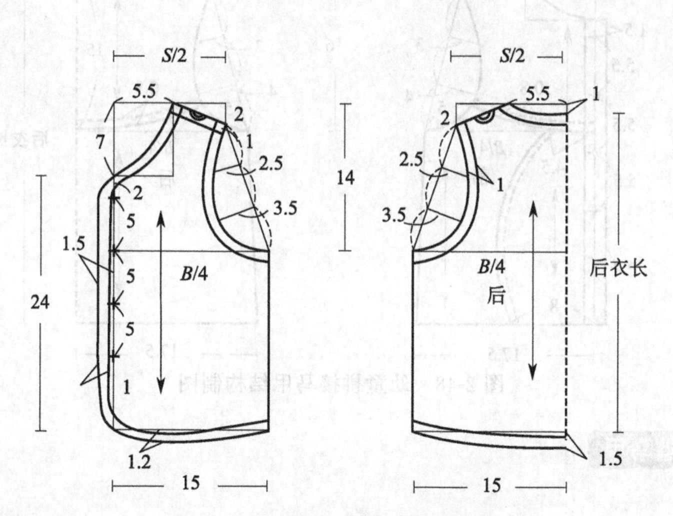

图 2-46　幼童内搭马甲结构制图

22. 幼童拼接马甲

(1) 款式说明

本款马甲采用双层纯棉面料，透气保暖，适合春秋穿着，开衫设计，方便穿脱。前后衣片采用分割拼接设计。

图 2-47 幼童拼接马甲款式图

(2) 面料、里料、辅料

面料、里料：100%棉。

辅料：塑料纽扣。

(3) 成衣规格

表 2-22 幼童拼接马甲成衣规格

规格 \ 部位	后衣长	肩宽 S	胸围 B	摆围	适合年龄
80/48	33	26	66	70	1～1.5岁

(4) 结构制图

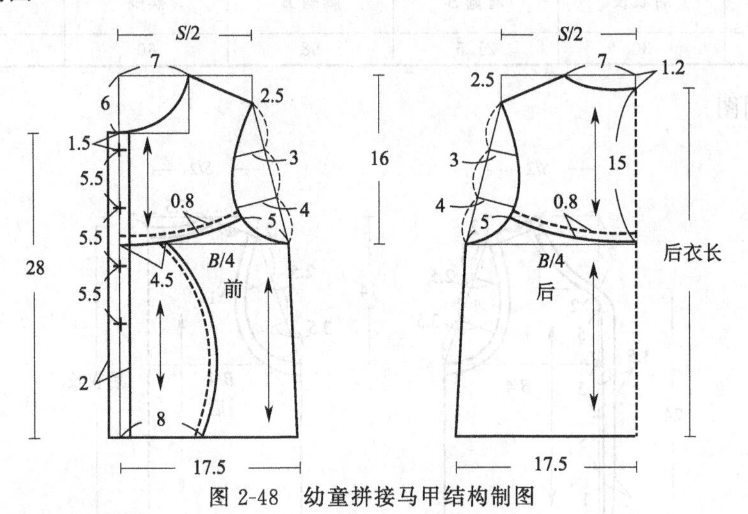

图 2-48 幼童拼接马甲结构制图

23. 幼童后开襟马甲

(1) 款式说明

本款马甲采用纯棉面料，A形，后开襟，无领无袖，腰部有两个贴袋。

(2) 面料、辅料

面料：纯棉针织布。

辅料：塑料纽扣。

正面款式

背面款式

图 2-49　幼童后开襟马甲款式图

（3）成衣规格

表 2-23　幼童后开襟马甲成品规格

部位 规格	衣长	胸围	肩宽	适合年龄
90/52	35.5	66	12	2 岁

（4）结构制图

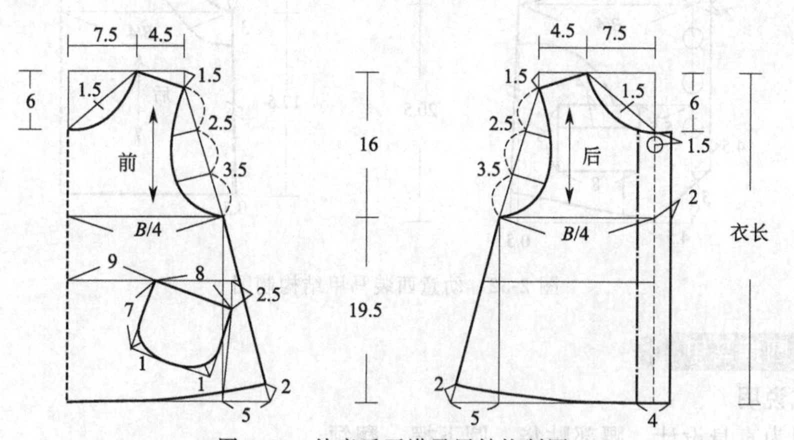

图 2-50　幼童后开襟马甲结构制图

24. 幼童西装马甲

（1）款式说明

本款马甲为 V 领，单排扣，腰部贴袋，下摆为尖角设计。

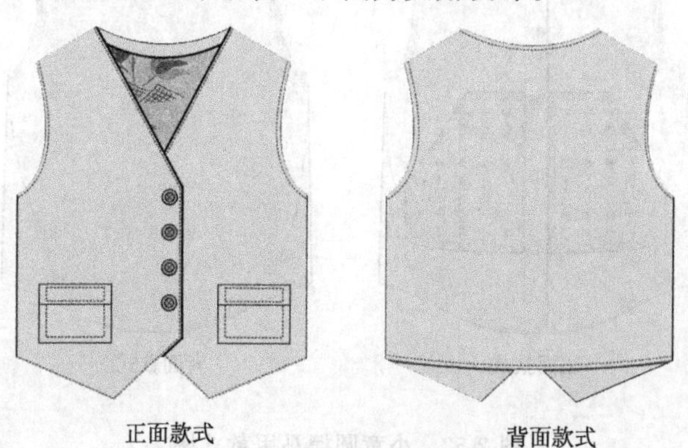

正面款式　　背面款式

图 2-51　幼童西装马甲款式图

(2) 面料、里料、辅料

面料：83.7%聚酯纤维，16.3%棉。

里料：100%聚酯纤维。

辅料：树脂扣。

(3) 成衣规格

表 2-24 幼童西装马甲成品规格

规格＼部位	后衣长	胸围	肩宽	适合年龄
100/52	35	69	12.5	3～4岁

(4) 结构制图

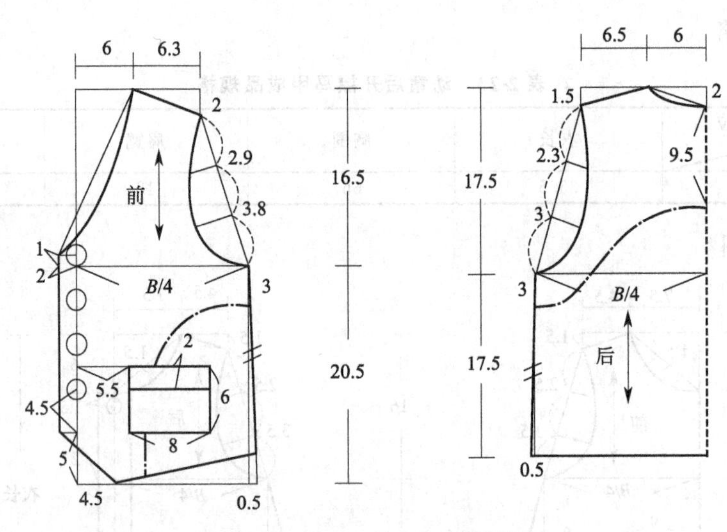

图 2-52 幼童西装马甲结构制图

25. 小童圆摆马甲

(1) 款式说明

本款马甲为直身设计，腰部贴袋，圆下摆，翻领。

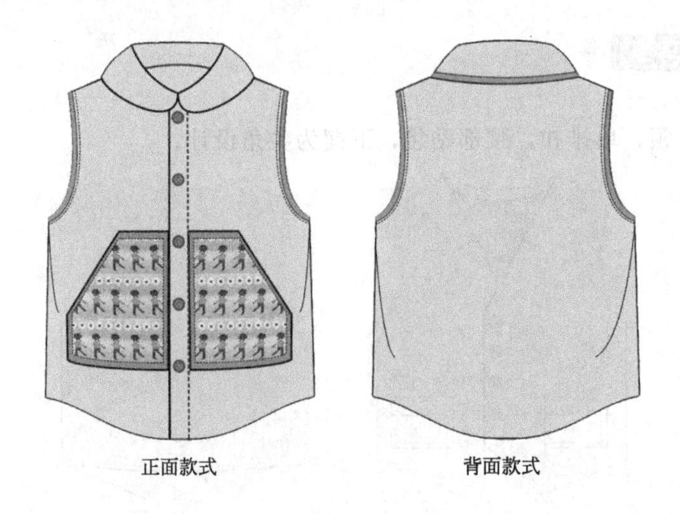

图 2-53 小童圆摆马甲款式图

（2）面料、里料、辅料

面料：50.5％聚酯纤维、45.5％棉、4％黏胶纤维。

里料：100％聚酯纤维。

辅料：树脂扣。

（3）成衣规格

表 2-25　小童圆摆马甲成品规格

规格 \ 部位	后衣长	胸围	肩宽	适合年龄
100/52	39.5	60	23	3～4 岁

（4）结构制图

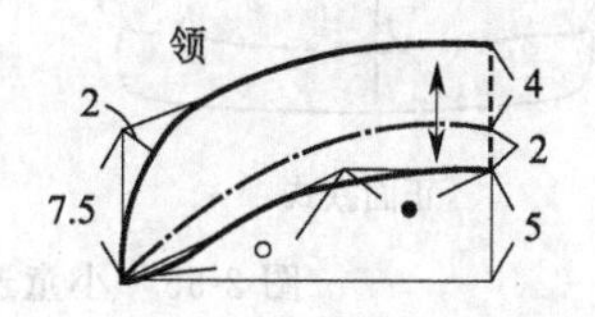

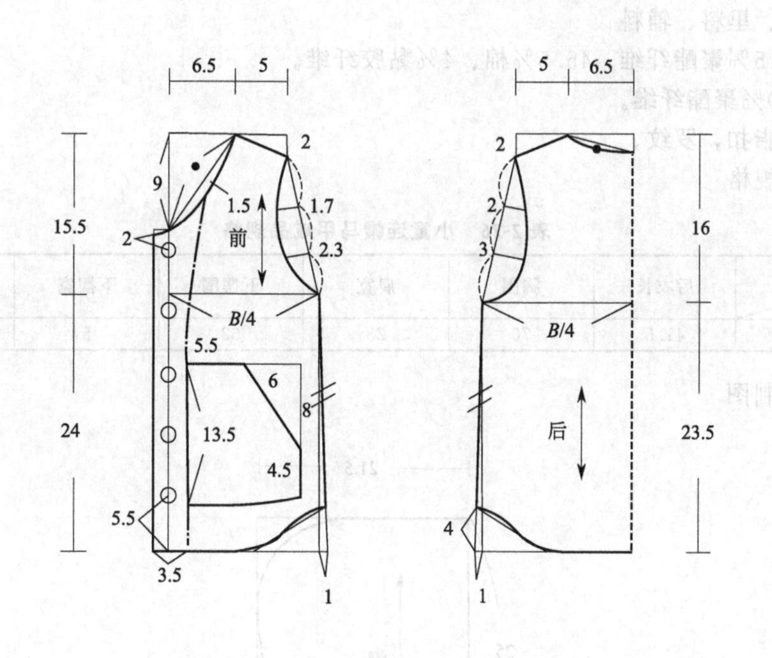

图 2-54　小童圆摆马甲结构制图

26. 小童连帽马甲

（1）款式说明

本款马甲适合秋冬季穿着，腰部贴袋，连帽，收下摆。

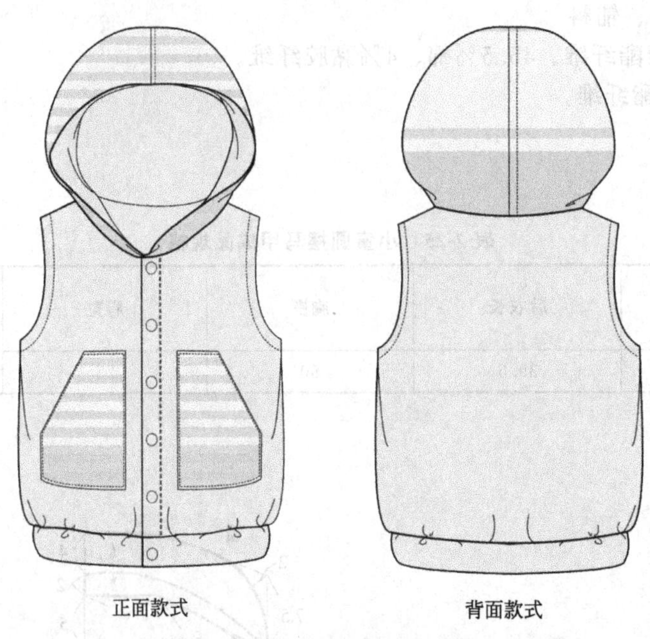

图 2-55 小童连帽马甲款式图

（2）面料、里料、辅料

面料：50.5％聚酯纤维、45.5％棉、4％黏胶纤维。

里料：100％聚酯纤维。

辅料：树脂扣，罗纹。

（3）成衣规格

表 2-26 小童连帽马甲成品规格

规格＼部位	后衣长	胸围	肩宽	下摆围	下摆宽	适合年龄
100/52	41.5	70	23	62	5	3～4 岁

（4）结构制图

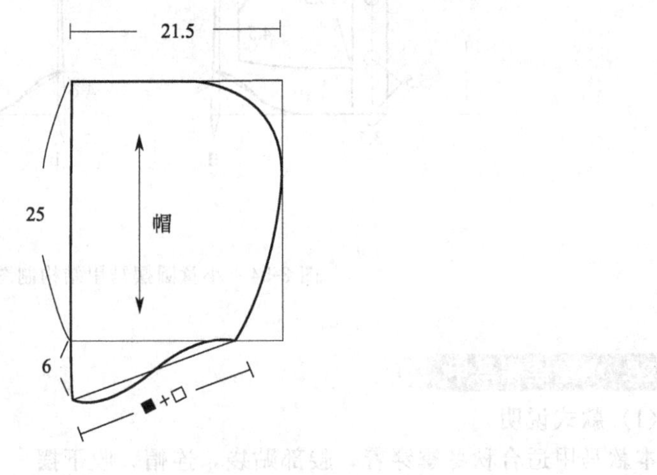

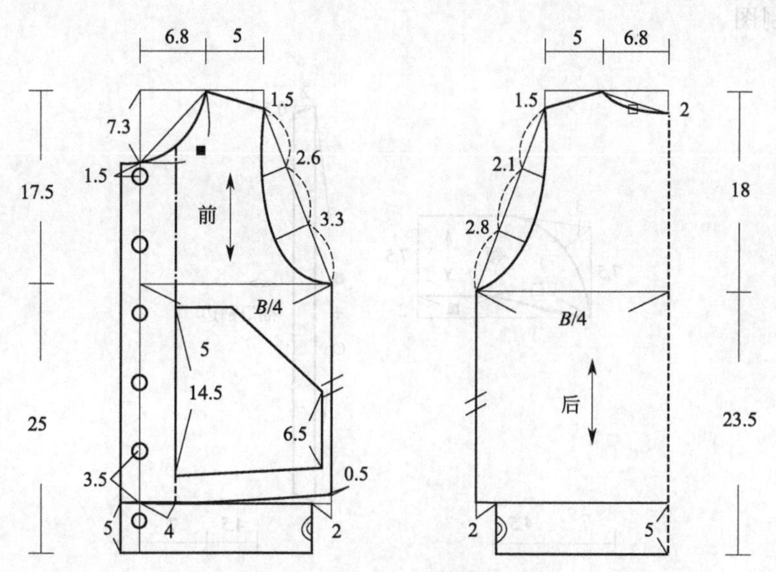

图 2-56　小童连帽马甲结构制图

27. 小童罗纹边马甲

(1) 款式说明

本款马甲适合秋冬季穿着，翻领，贴袋，罗纹下摆。

图 2-57　小童罗纹边马甲款式图

(2) 面料、里料、辅料

面料：50.5％聚酯纤维、45.5％棉、4％黏胶纤维。

里料：100％聚酯纤维。

辅料：树脂拉链，罗纹。

(3) 成衣规格

表 2-27　小童罗纹边马甲成衣规格

规格＼部位	后衣长	胸围	肩宽	下摆围	下摆宽	适合年龄
110/56	40	74	23	63	4	4～5 岁

（4）结构制图

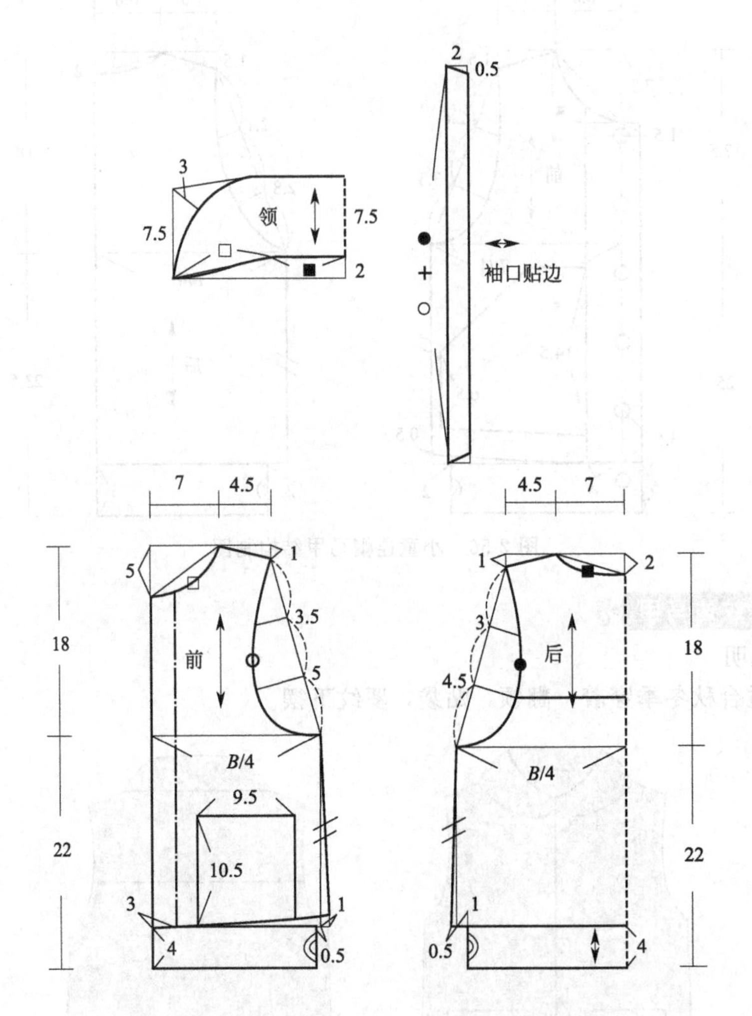

图 2-58　小童罗纹边马甲结构制图

28. 小童羊羔绒马甲

（1）款式说明

本款棉马甲采用夹棉绗缝工艺，绗缝线间距 6.5cm。衣领为小立领，夹棉，前身贴缝斜插口袋，整件服装轻盈、保暖。

（2）面料、里料、辅料

面料：全棉纱卡，全棉格子布。

里料：羊羔绒。

辅料：铜制子母按扣。

（3）成衣规格

表 2-28　小童羊羔绒马甲成衣规格

部位 / 规格	后衣长	肩宽	胸围	领围	适合年龄
115 / 52	48	31	80	42	5～6 岁

（4）结构制图

图 2-59　小童羊羔绒马甲款式图

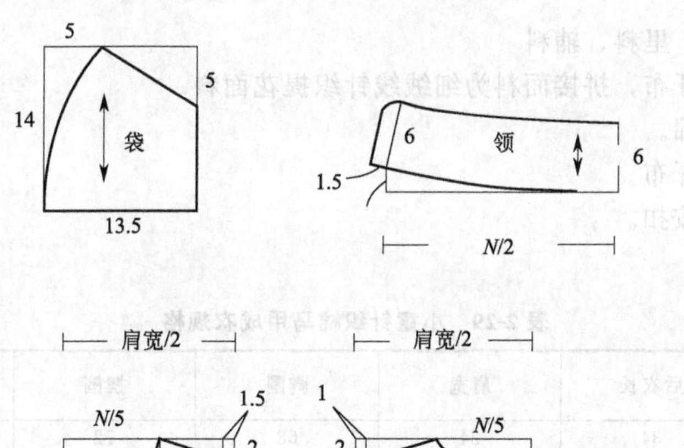

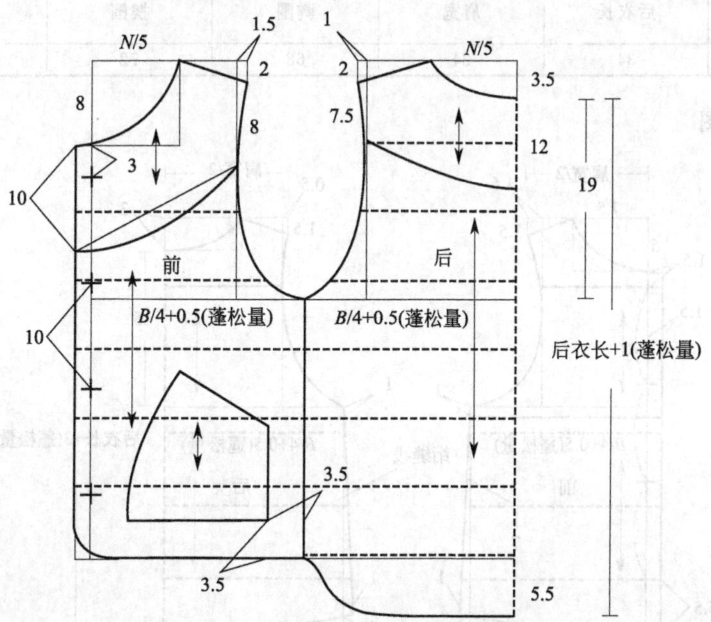

图 2-60　小童羊羔绒马甲结构制图

29. 小童针织棉马甲

(1) 款式说明

本款棉马甲采用夹棉绗缝工艺，里外均为针织面料，无领，既可外穿，也可作为保暖内搭。

图 2-61 小童针织棉马甲款式图

(2) 面料、填料、里料、辅料

面料：全棉针织汗布，拼接面料为细绒线针织提花面料。

填料：腈纶定型棉。

里料：全棉针织汗布。

辅料：塑料子母按扣。

(3) 成衣规格

表 2-29 小童针织棉马甲成衣规格

部位 规格	后衣长	肩宽	胸围	摆围	适合年龄
90/52	34	24	68	72	2 岁

(4) 结构制图

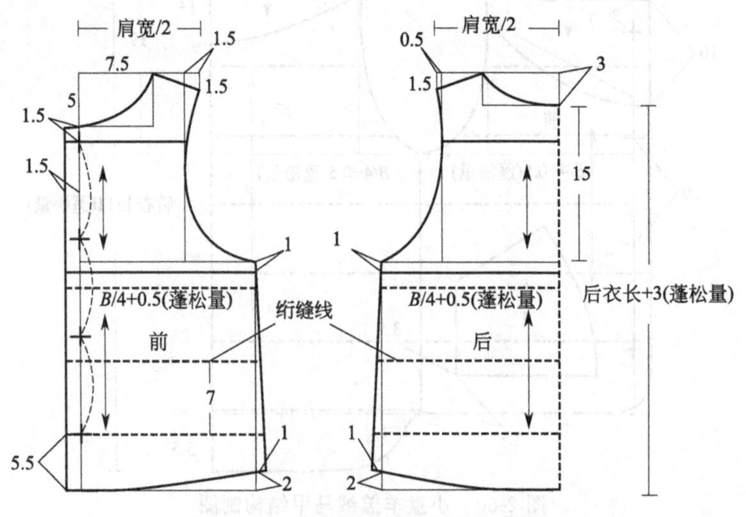

图 2-62 小童针织棉马甲结构制图

30. 工装围兜

（1）款式说明

本款工装围兜采用纯棉面料，领部采用环形套头式吊带，腰部采用松紧带，前身配有大贴袋。

图 2-63 工装围兜款式图

（2）面料、辅料

面料：100%棉。

辅料：松紧带。

（3）成衣规格

表 2-30 工装围兜成品规格

部位 规格	裙长（不含吊带）	腰围（拉伸/放松）	肩带长（拉伸/放松）	适合年龄
120/53	60.5	114/53	50/35	6岁

（4）结构制图

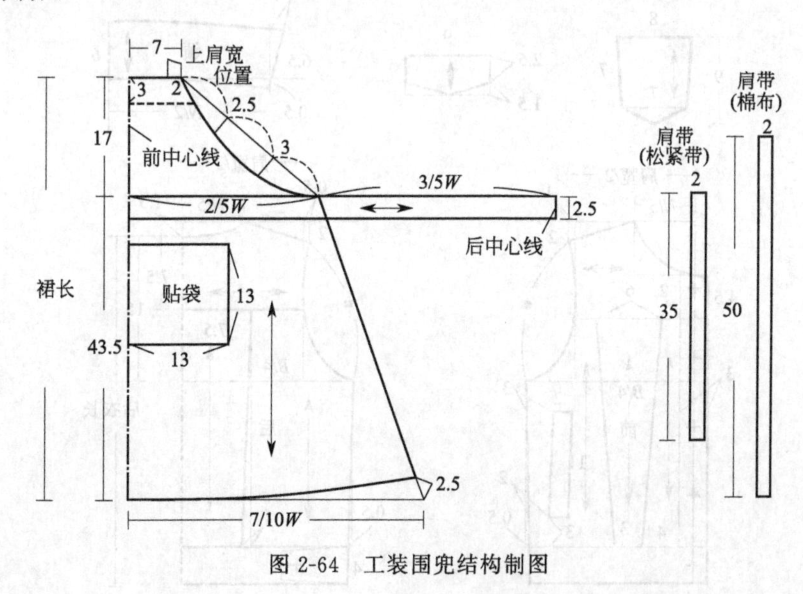

图 2-64 工装围兜结构制图

四、夹克

31. 小童牛仔夹克

（1）款式说明

本款牛仔夹克为常规款。前后身均有育克分割设计，两片袖结构。前胸装饰袋盖及贴袋，整件服装饰以双明线装饰，袋口处套结加固。

图 2-65　小童牛仔夹克款式图

（2）面料、辅料

面料：全棉牛仔布

辅料：金属拉链，冲压子母扣。

（3）成衣规格

表 2-31　小童牛仔夹克成衣规格

规格＼部位	后衣长	肩宽	胸围	袖长	袖肥	袖口	领围	适合年龄
110/52	36	27	66	34	25	20	34	5～6 岁

（4）结构制图

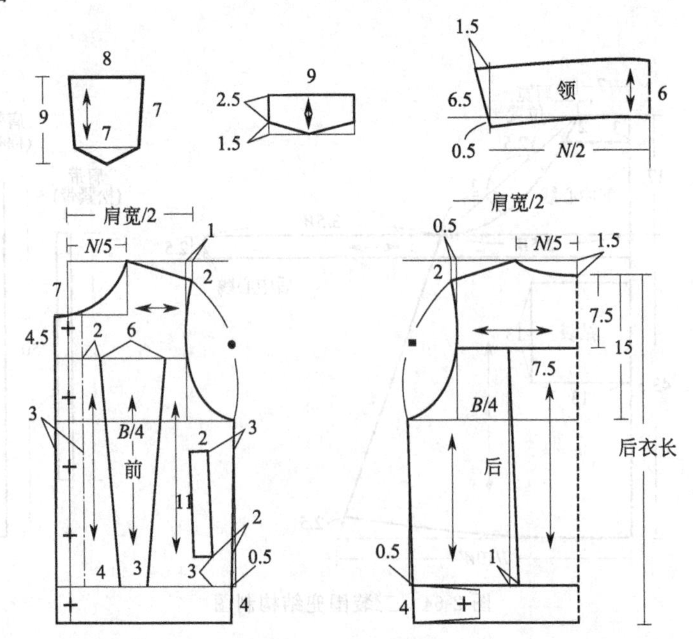

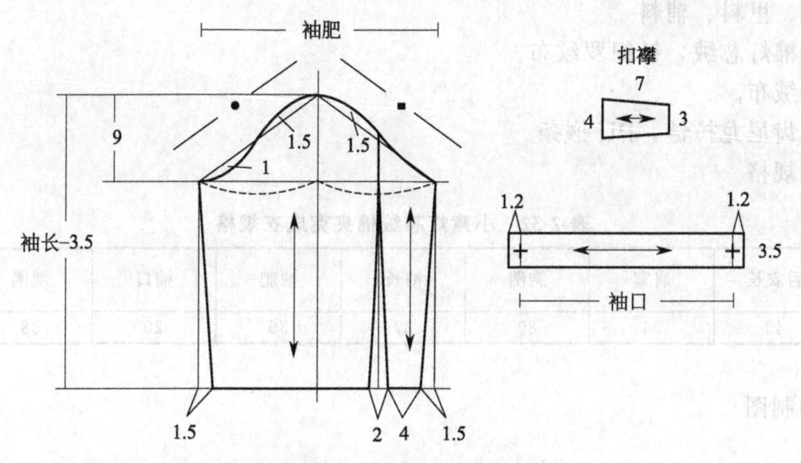

图 2-66　小童牛仔夹克结构制图

(5) 细节工艺

胸袋采用贴袋工艺，双明线扣压缝，袋口两端套结加固。

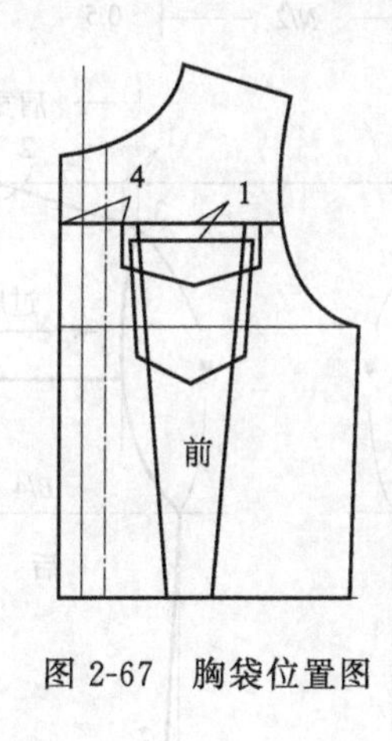

图 2-67　胸袋位置图

32. 小童灯芯绒棉夹克

(1) 款式说明

本款夹克采用全夹里工艺，保暖性好，适合冬季穿着。后背有过肩设计，并夹缝单嵌条，前身插袋为开袋设计。袖口及下摆采用条纹罗纹面料，衣领正面为灯芯绒面料，反面为罗纹面料。

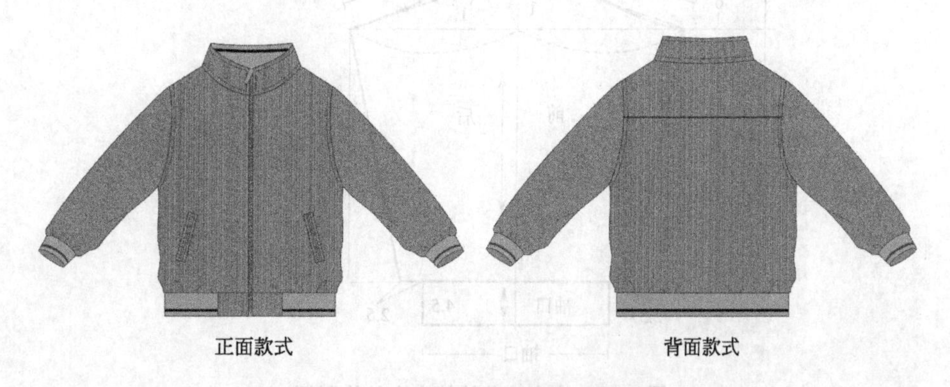

图 2-68　小童灯芯绒棉夹克款式图

（2）面料、里料、辅料

面料：全棉灯芯绒，针织罗纹布。

里料：抓绒布。

辅料：细齿尼龙拉链，PU 嵌条。

（3）成衣规格

表 2-32　小童灯芯绒棉夹克成衣规格

规格＼部位	后衣长	肩宽	胸围	袖长	袖肥	袖口	领围	适合年龄
120/52	43	34	80	37	36	20	38	6～7 岁

（4）结构制图

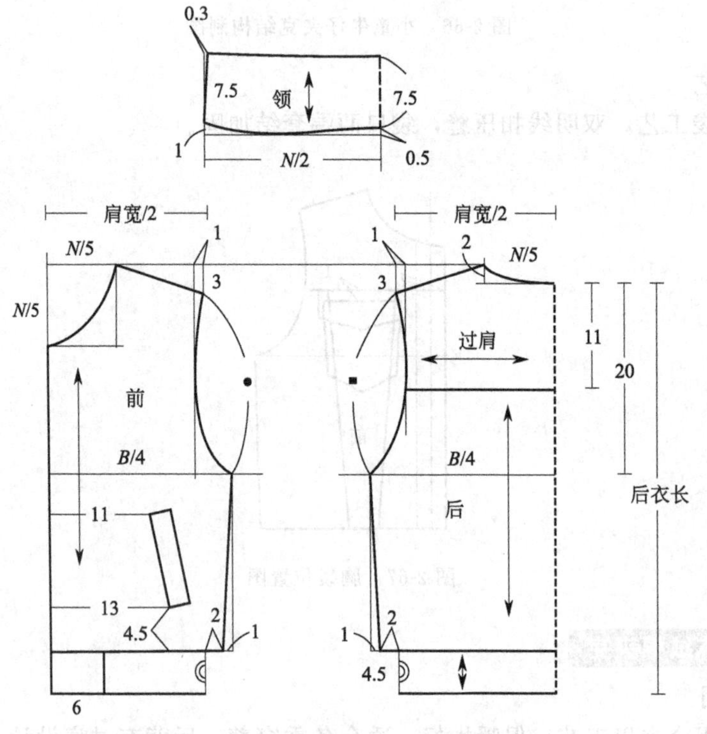

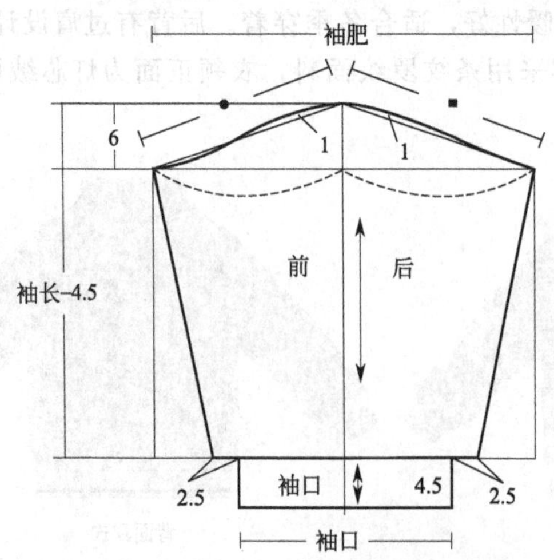

图 2-69　小童灯芯绒棉夹克结构制图

（5）细节工艺

前身口袋采用开袋工艺，袋板中拼接有双嵌条。

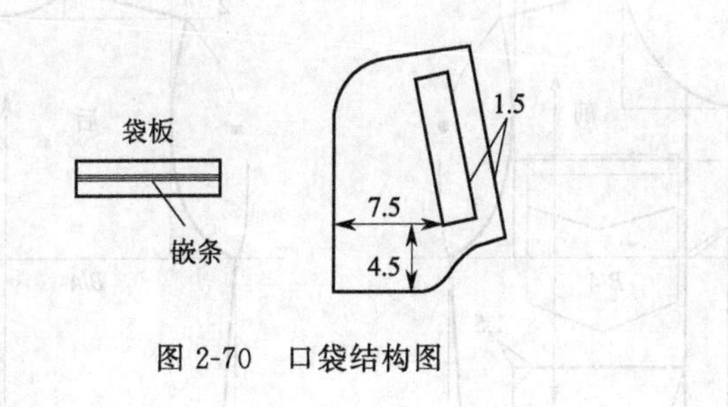

图 2-70　口袋结构图

33. 小童立领帆布夹克

（1）款式说明

本款夹克采用全夹里工艺，保暖性好，适合秋冬季节穿着。前胸袋盖采用两种面料拼接而成，增加整体设计的细节感。

图 2-71　小童立领帆布夹克款式图

（2）面料、里料、辅料

面料：全棉水洗平纹帆布，全棉针织布。

里料：全棉细平布。

辅料：金属拉链、铆钉、冲压子母扣。

（3）成衣规格

表 2-33　小童立领帆布夹克成衣规格

部位 规格	后衣长	肩宽	胸围	袖长	袖肥	袖口	领围	适合年龄
110/52	39	33	80	35	36	25	41	5～6 岁

（4）结构制图

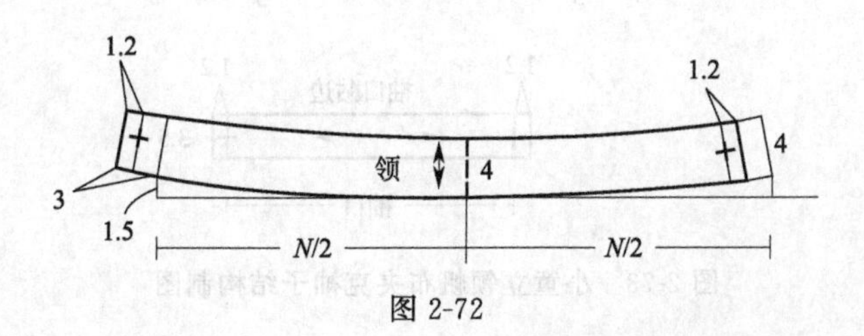

图 2-72

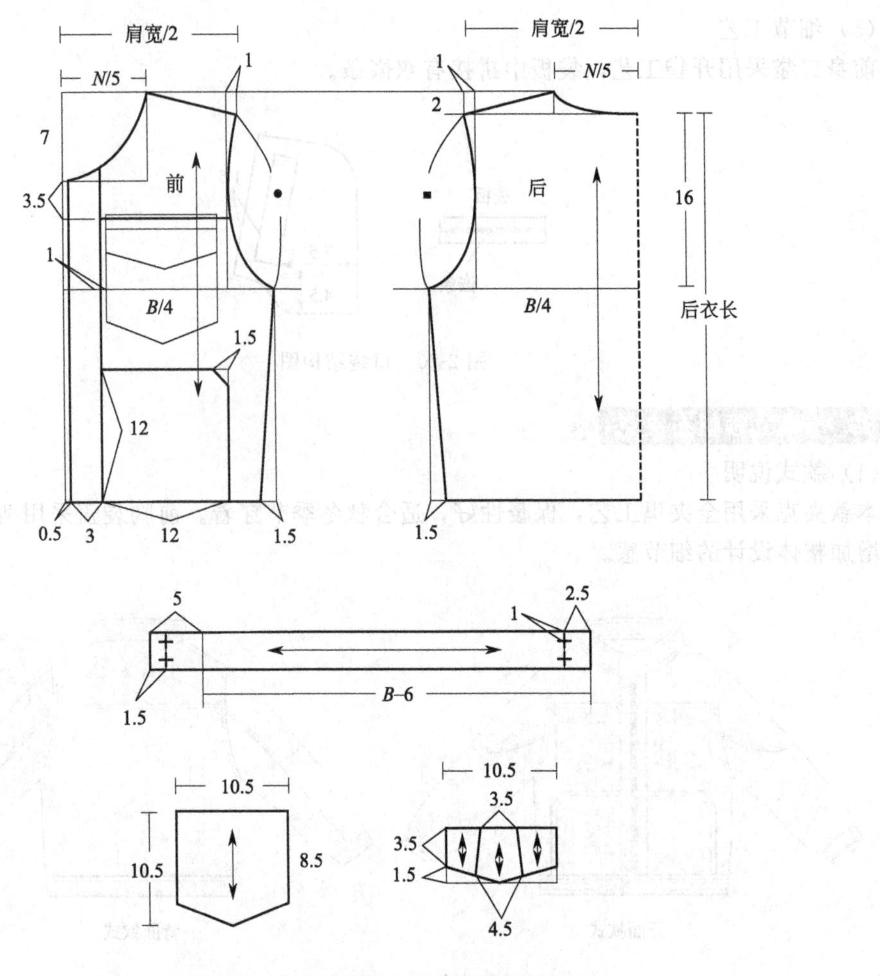

图 2-72　小童立领帆布夹克衣身结构制图

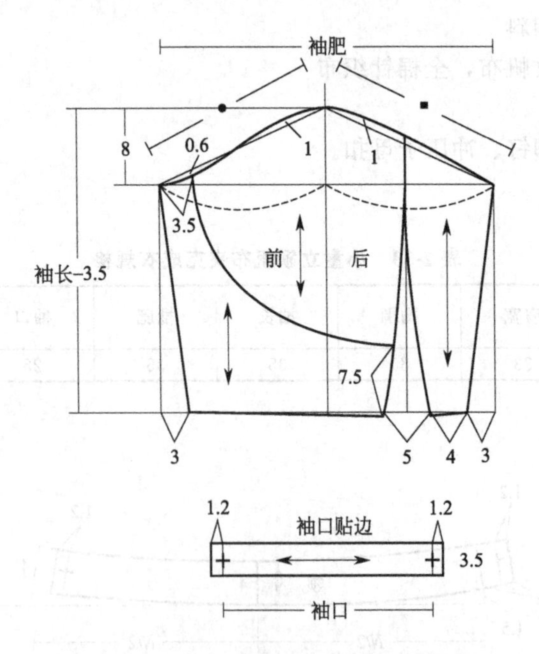

图 2-73　小童立领帆布夹克袖子结构制图

34. 大童罗纹领夹克

（1）款式说明

本款夹克面料轻薄，适合春秋两季穿着，领口和下摆部位采用针织罗纹面料。前片采用过肩设计，口袋为插袋设计。

图 2-74　大童罗纹领夹克款式图

（2）面料、辅料

面料：化纤。

辅料：针织罗纹，塑料纽扣。

（3）成衣规格

表 2-34　大童罗纹领夹克成衣规格

规格＼部位	后衣长	肩宽 S	胸围 B	摆围	袖口	适合年龄
140/68	49	36	92	88	25	10 岁

（4）结构制图

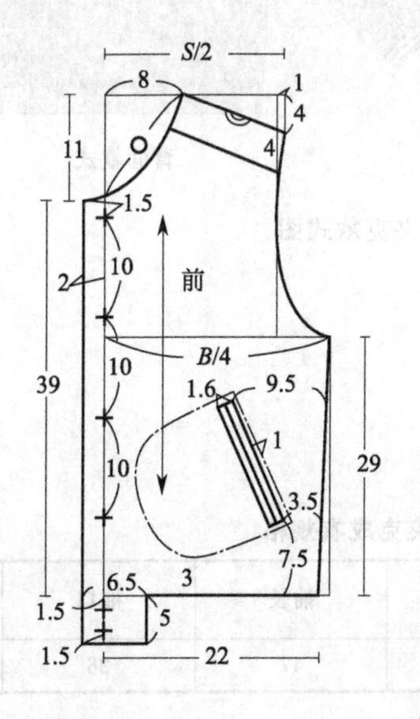

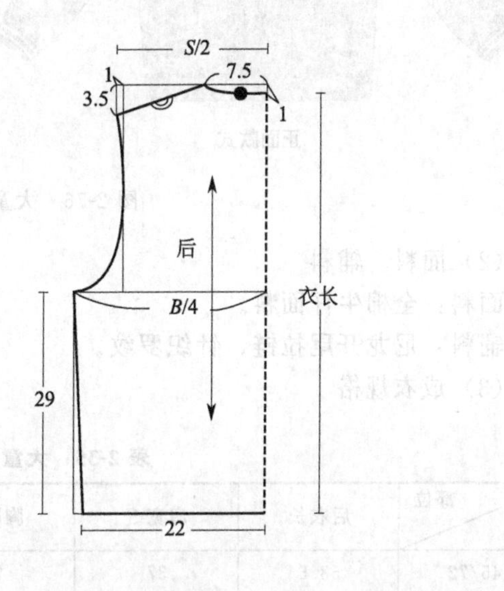

图 2-75

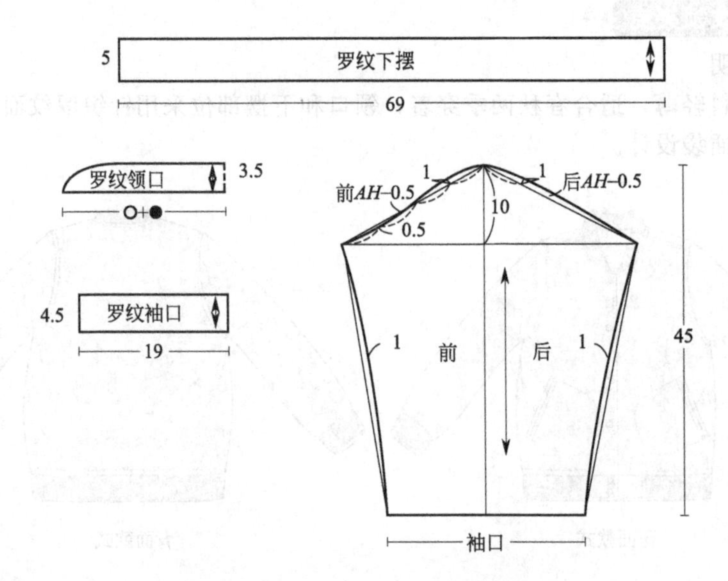

图 2-75　大童罗纹领夹克结构制图

35. 大童牛仔夹克

（1）款式说明

本款夹克采用纯棉中蓝牛仔面料，门襟使用拉链，袖口采用针织罗纹面料。领子为立领设计，衣身下摆采用收身设计，适合春秋季穿着。

图 2-76　大童牛仔夹克款式图

（2）面料、辅料

面料：全棉牛仔面料。

辅料：尼龙开尾拉链，针织罗纹。

（3）成衣规格

表 2-35　大童牛仔夹克成衣规格

部位 规格	后衣长	肩宽 S	胸围 B	袖长	袖口	适合年龄
145/72	53.5	37	94	47	26	11 岁

(4) 结构制图

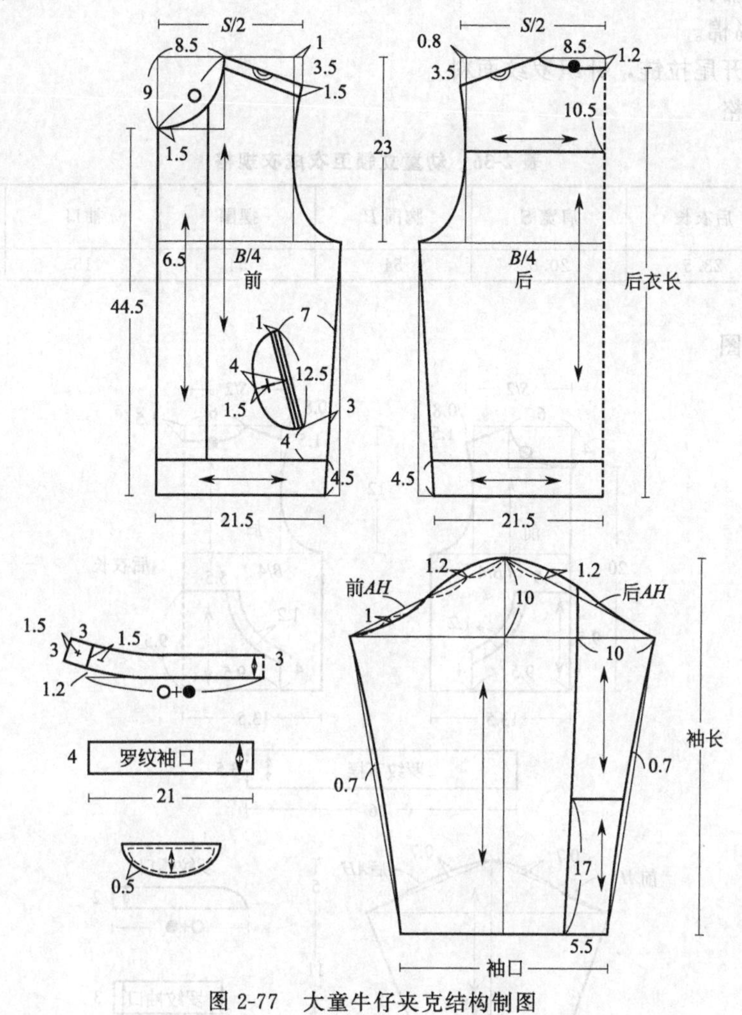

图 2-77 大童牛仔夹克结构制图

五、卫衣

36. 幼童立领卫衣

(1) 款式说明

本款幼童卫衣，采用开襟设计，袖口与下摆使用针织罗纹面料，便于穿脱。前后衣片设计明贴袋，袋口采用不同色彩的针织面料进行装饰。

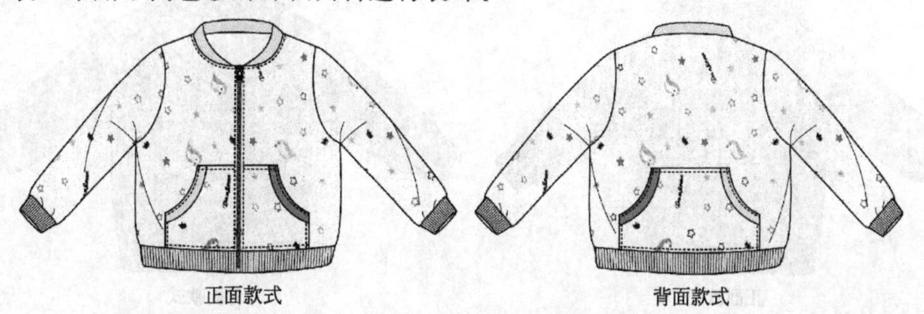

图 2-78 幼童立领卫衣款式图

（2）面料、辅料

面料：100％棉。

辅料：尼龙开尾拉链，针织罗纹面料。

（3）成衣规格

表 2-36 幼童立领卫衣成衣规格

规格 \ 部位	后衣长	肩宽 S	胸围 B	摆围	袖口	适合年龄
59/44	23.5	20.5	54	54	15	3～6 个月

（4）结构制图

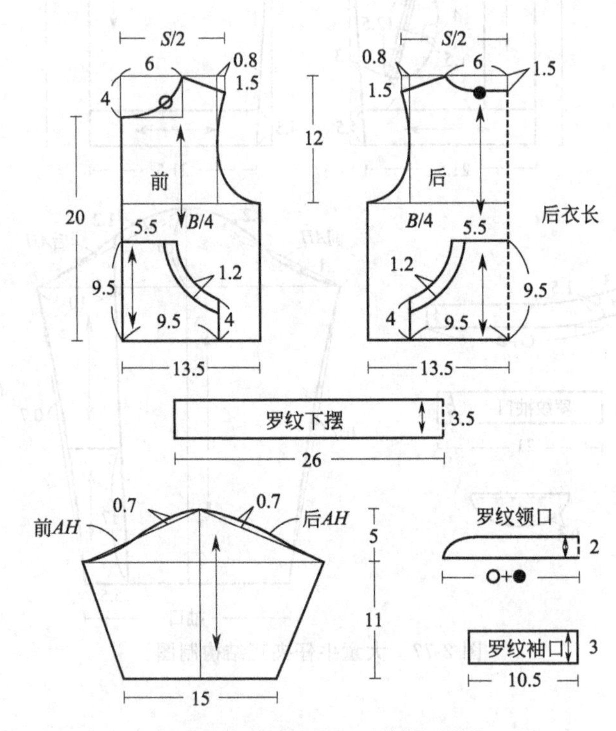

图 2-79 幼童立领卫衣结构制图

37. 小童插肩袖连帽卫衣

（1）款式说明

本款卫衣为插肩袖经典款结构，连帽领。领口下拼接三角形罗纹，袖口和下摆为罗纹面料，前片有两个斜插袋口，一片式袋布。

图 2-80 小童插肩袖连帽卫衣款式图

（2）面料、辅料

面料：全棉加厚针织抓绒布。

辅料：针织罗纹，气眼，棉绳。

（3）成衣规格

表 2-37　小童插肩袖连帽卫衣成衣规格

规格 \ 部位	后衣长	肩袖长	胸围	袖肥	袖口	帽口	适合年龄
120/56	40	45	84	32	16	58	6～7岁

（4）结构制图

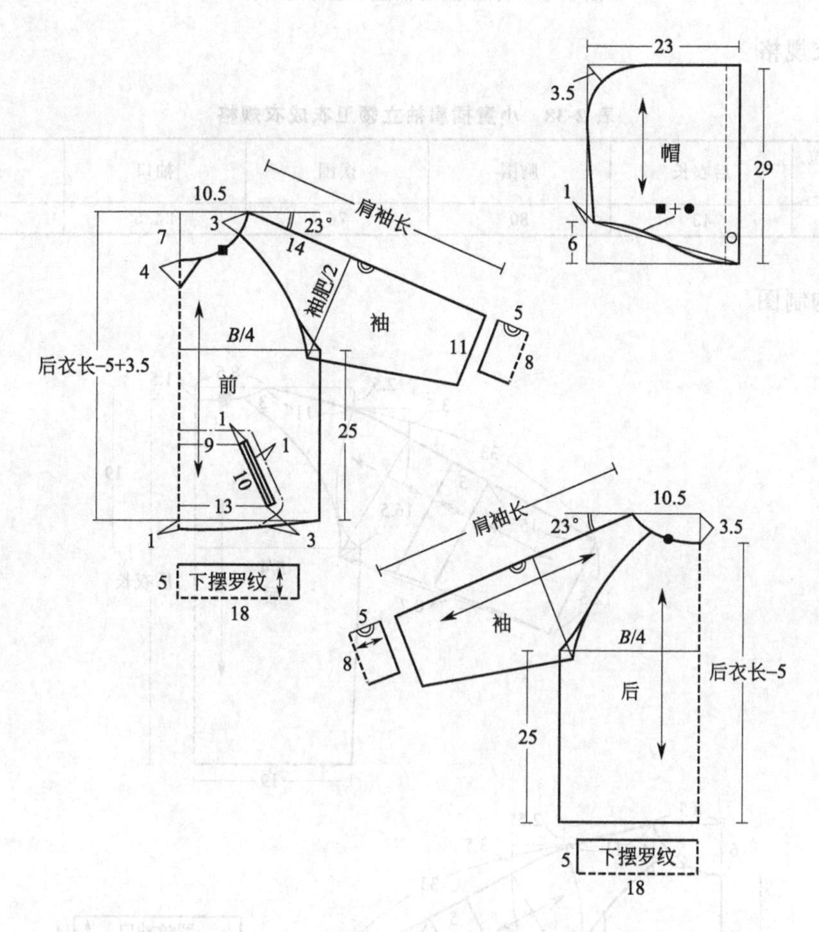

图 2-81　小童插肩袖连帽卫衣结构制图

38. 小童插肩袖立领卫衣

（1）款式说明

本款休闲卫衣采用插肩袖设计，前片、袖片使用不同色彩的面料进行拼接。衣身采用柔软舒适的加厚毛圈棉，透气、保暖，领口、袖口和下摆使用罗纹面料，穿着舒适。

（2）面料、辅料

面料：100%棉。

辅料：针织罗纹面料，尼龙开尾拉链。

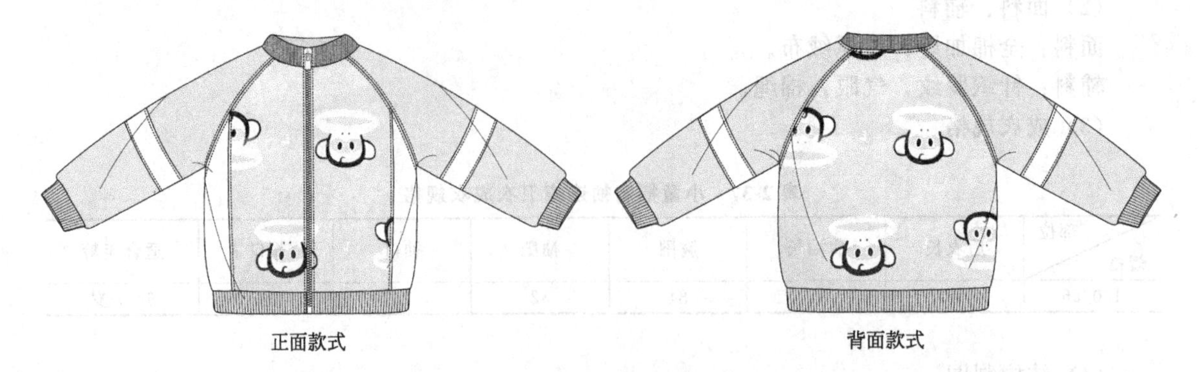

图 2-82 小童插肩袖立领卫衣款式图

（3）成衣规格

表 2-38 小童插肩袖立领卫衣成衣规格

规格 \ 部位	后衣长	胸围	摆围	袖口	适合年龄
120/60	43	80	76	24.5	6 岁

（4）结构制图

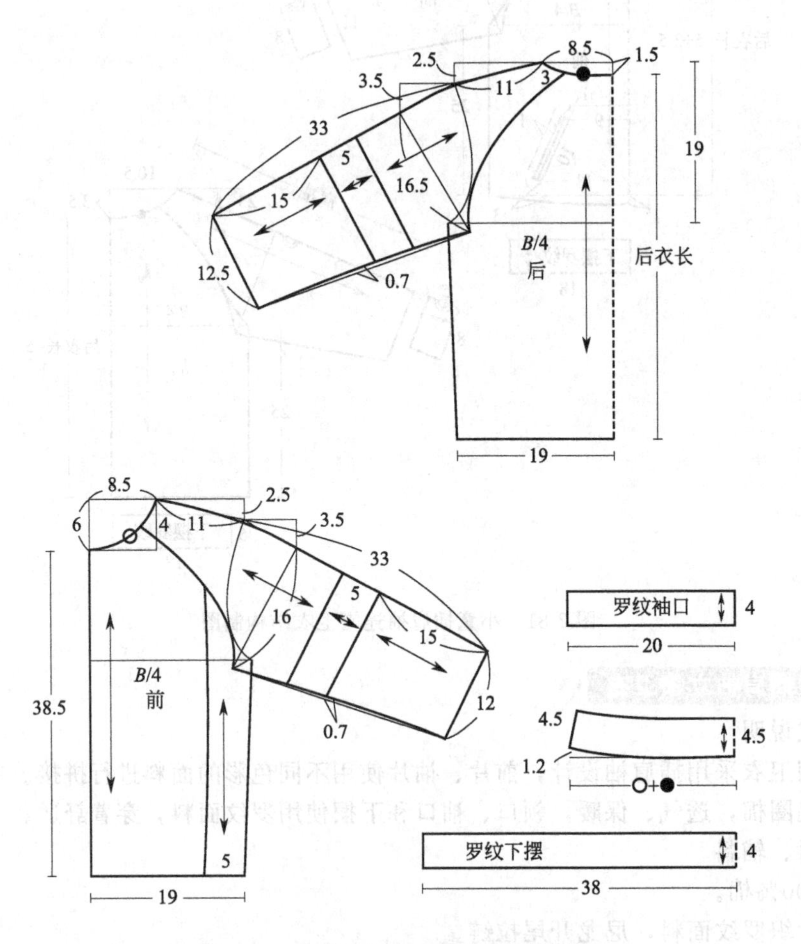

图 2-83 小童插肩袖立领卫衣结构制图

39. 大童连帽卫衣

（1）款式说明

本款套头连帽卫衣，采用优质纯棉面料，袖口、下摆采用针织罗纹面料。

图 2-84　大童连帽卫衣款式图

（2）面料、辅料

面料：100%棉。

辅料：针织罗纹，绳。

（3）成衣规格

表 2-39　大童连帽卫衣成衣规格

规格 \ 部位	后衣长	肩宽 S	胸围 B	袖长	袖口	适合年龄
160/88	57	44	108	52	30	12～13 岁

（4）结构制图

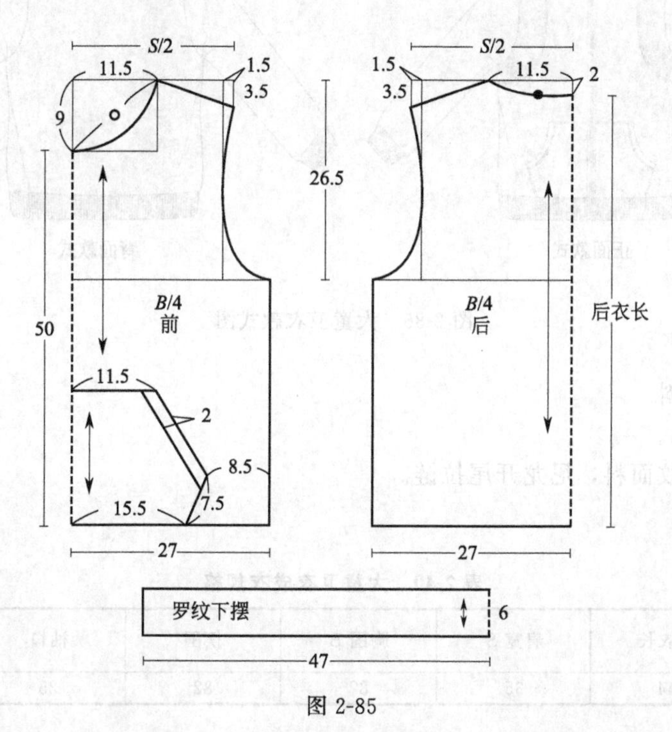

图 2-85

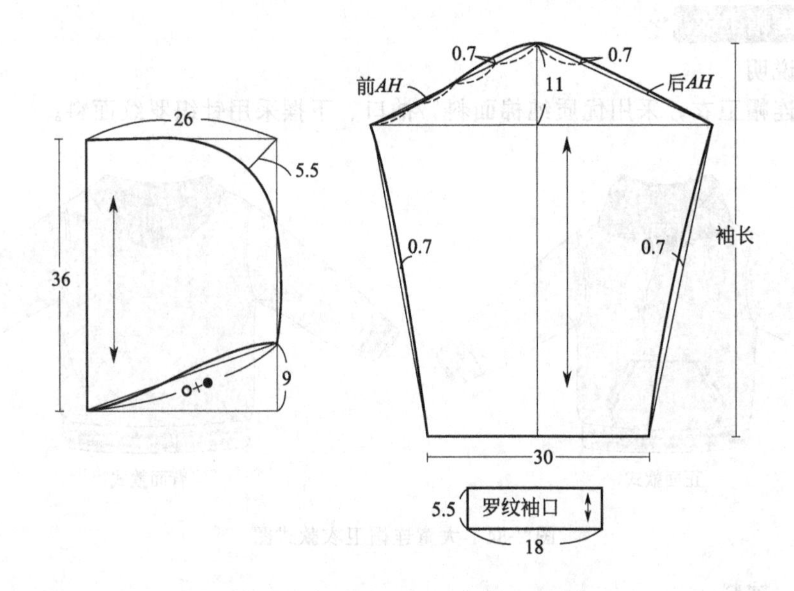

图 2-85　大童连帽卫衣结构制图

40. 大童卫衣

（1）款式说明

本款卫衣采用绒面全棉面料，厚度适中。下摆和袖口为针织罗纹面料，适合春季穿着，前衣片采用两种色彩面料分割设计。

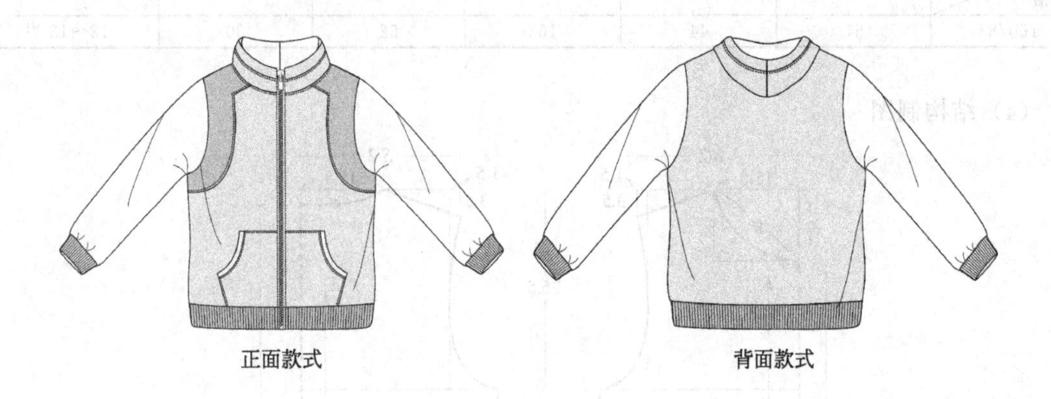

图 2-86　大童卫衣款式图

（2）面料、辅料

面料：100%棉。

辅料：针织罗纹面料，尼龙开尾拉链。

（3）成衣规格

表 2-40　大童卫衣成衣规格

部位 规格	后衣长	肩宽 S	胸围 B	摆围	袖口	适合年龄
140/68	44	35	82	82	25	10岁

（4）结构制图

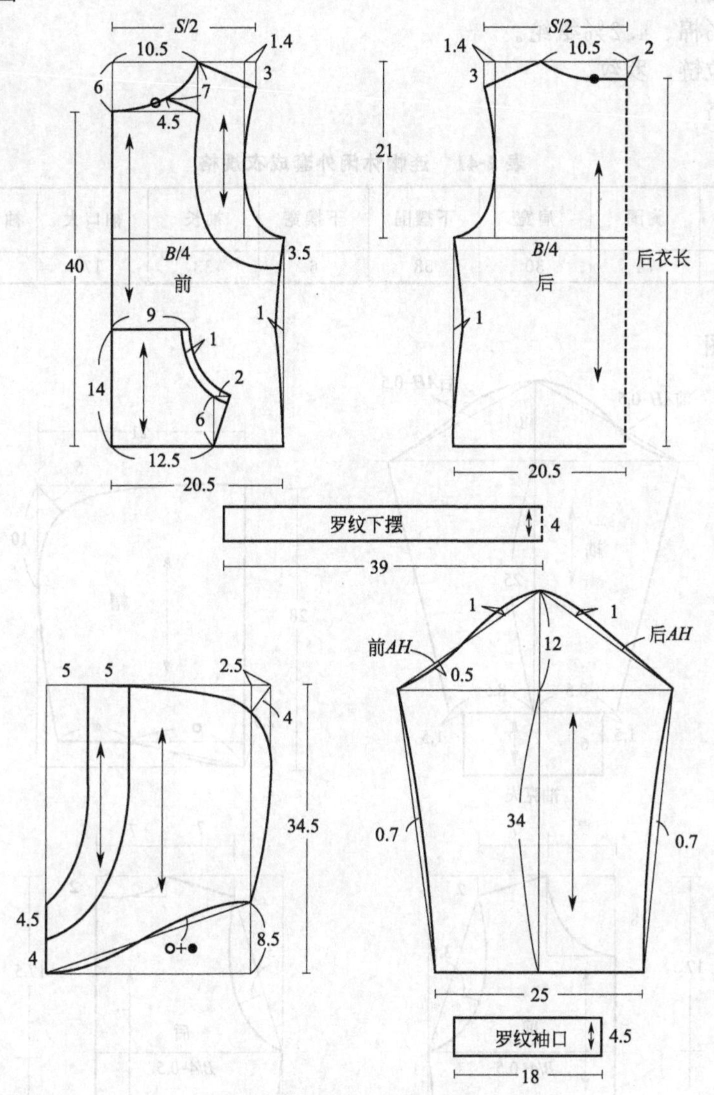

图 2-87　大童卫衣结构制图

41. 连帽休闲外套

（1）款式说明

本款连帽外套采用撞色设计，衣袖、口袋与其他部位分别采用不同的颜色，袖口、下摆为罗纹。

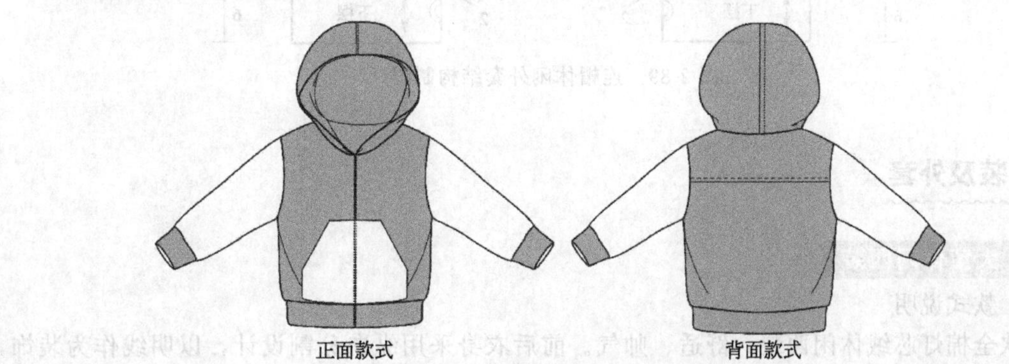

图 2-88　连帽休闲外套款式图

（2）面料、辅料

面料：95.8%棉、4.2%氨纶。

辅料：树脂拉链，罗纹。

（3）成衣规格

表 2-41 连帽休闲外套成衣规格

规格＼部位	后衣长	胸围	肩宽	下摆围	下摆宽	袖长	袖口大	袖克夫宽	适合年龄
110/52	44	74	30	58	6	33	17	6	4～5 岁

（4）结构制图

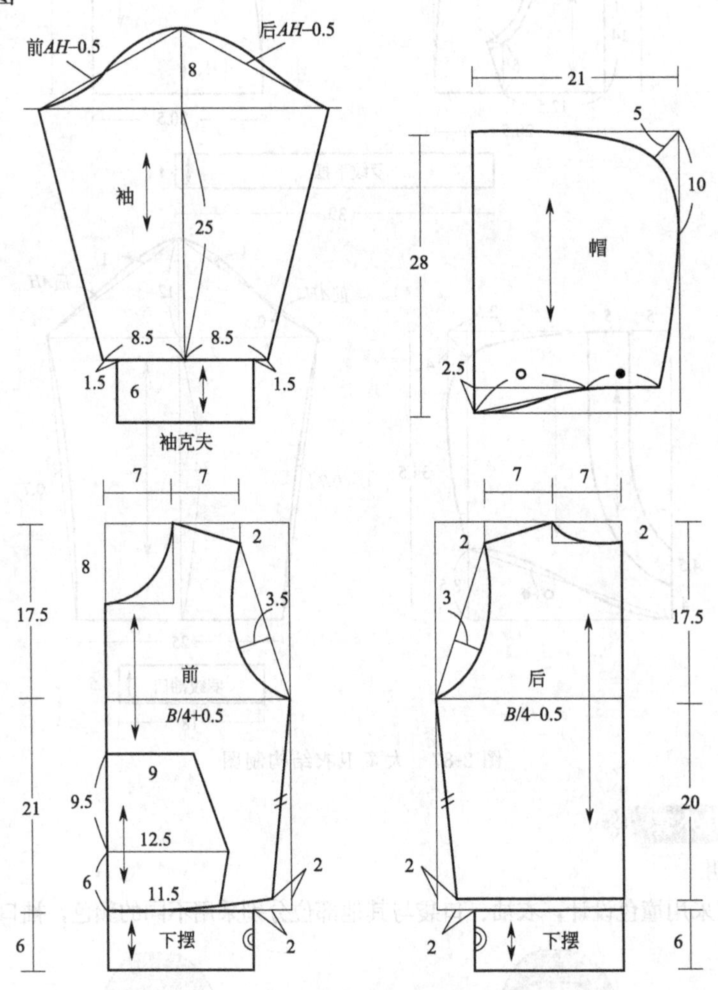

图 2-89 连帽休闲外套结构制图

六、西装及外套

42. 大童休闲西装

（1）款式说明

本款全棉灯芯绒休闲西装，舒适、帅气。前后衣身采用纵向分割设计，以明线作为装饰，袖口采用开衩设计。

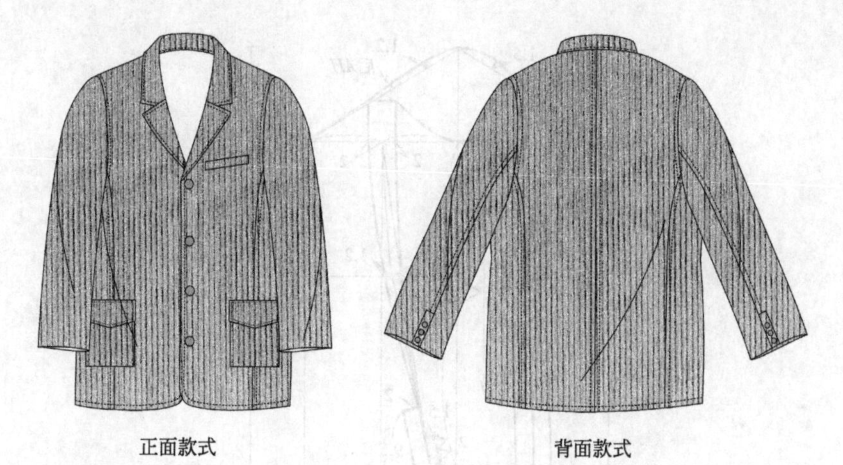

图 2-90　大童休闲西装款式图

(2) 面料、里料、辅料

面料：全棉灯芯绒面料。

里料：100%聚酯纤维。

辅料：塑料纽扣。

(3) 成衣规格

表 2-42　大童休闲西装成衣规格

部位 规格	后衣长	肩宽 S	胸围 B	摆围	袖口	适合年龄
150/68	62	41	98	102	28	11～12 岁

(4) 结构制图

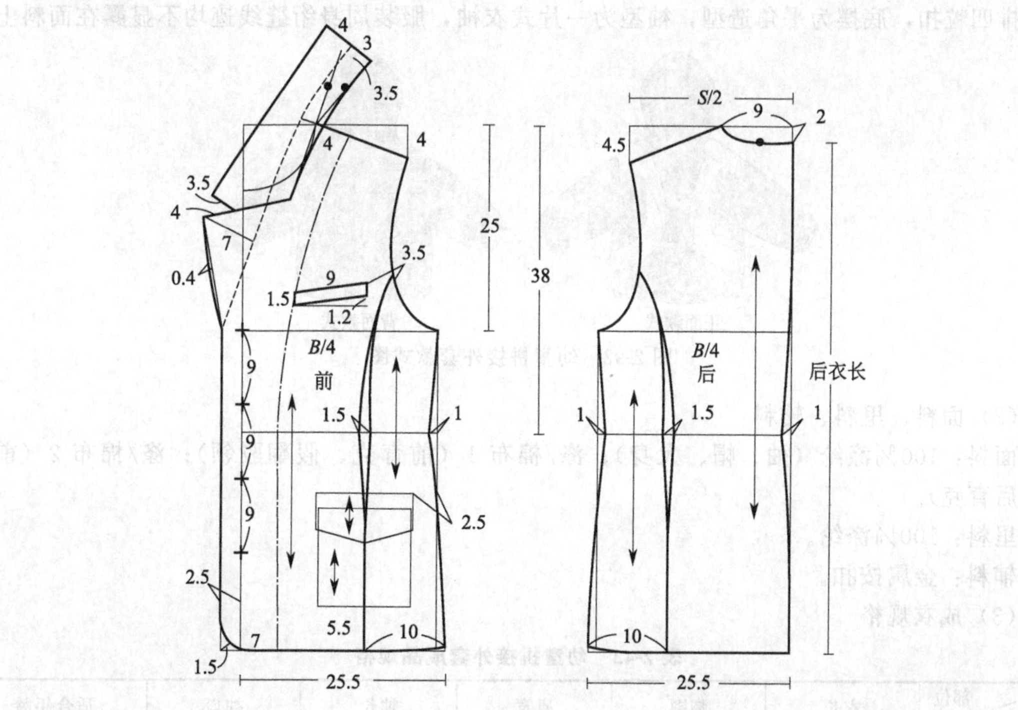

图 2-91

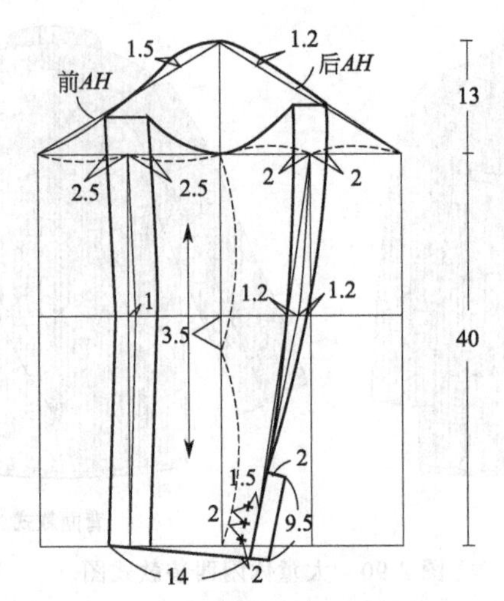

图 2-91　大童休闲西装结构制图

（5）细节工艺

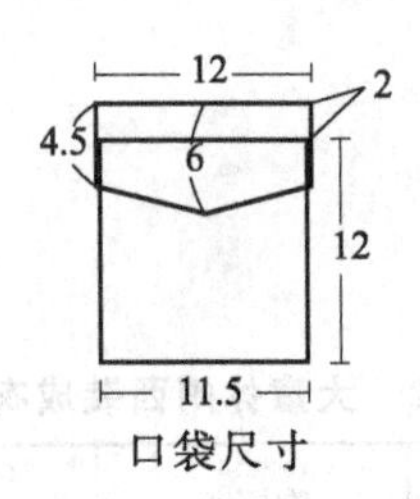

口袋尺寸

43. 幼童拼接外套

（1）款式说明

本款连帽外套采用三种布料的拼接。前身有假翻驳领的设计，后身上部为育克，门襟处设置单排四粒扣，底摆为平角造型，袖型为一片式衣袖，服装周身绗缝线迹均不显露在面料上。

图 2-92　幼童拼接外套款式图

（2）面料、里料、辅料

面料：100%涤纶（袖、帽、大身）；涤/棉布 1（前育克、假翻驳领）；涤/棉布 2（前拼接、后育克）。

里料：100%涤纶。

辅料：金属按扣。

（3）成衣规格

表 2-43　幼童拼接外套成品规格

部位 规格	衣长	胸围	肩宽	袖长	袖口	适合年龄
100/52	43	80	35	32	28	3～4 岁

（4）结构制图

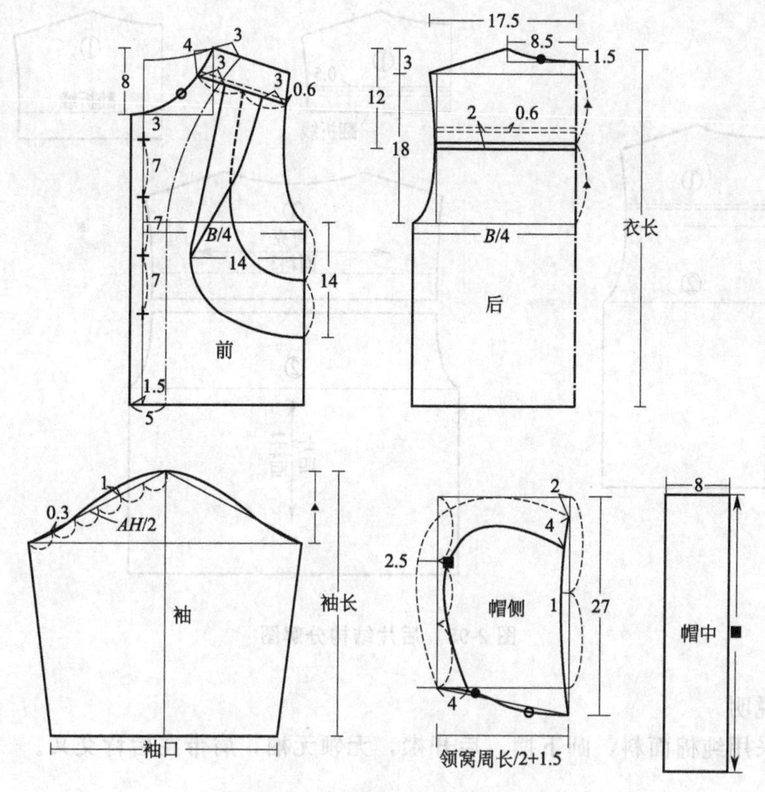

图 2-93　幼童拼接外套结构制图

（5）细部结构制图

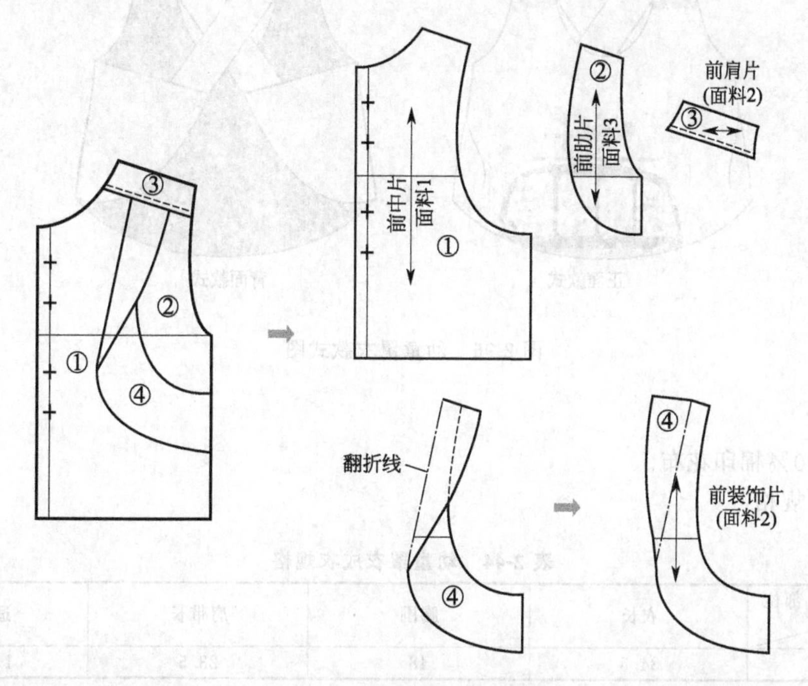

图 2-94　前片结构分解图

44. 幼童罩衣

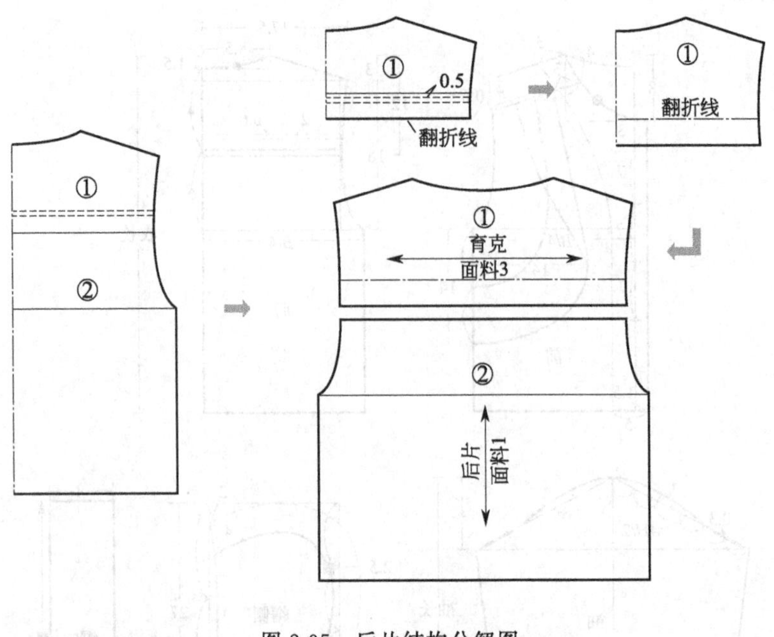

图 2-95　后片结构分解图

（1）款式说明

本款罩衣采用纯棉面料，圆下摆，后开襟，无领无袖，肩带在后背交叉。

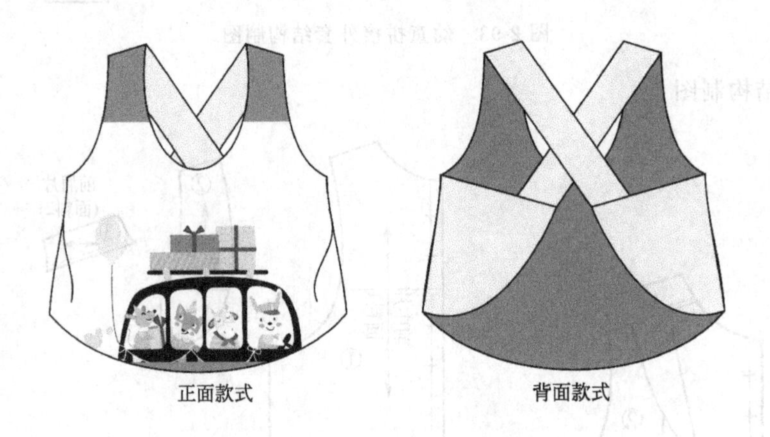

图 2-96　幼童罩衣款式图

（2）面料

面料：100％棉印花布。

（3）成衣规格

表 2-44　幼童罩衣成衣规格

规格＼部位	衣长	胸围	肩带长	适合年龄
80/48	34.5	48	23.5	1～1.5 岁

（4）结构制图

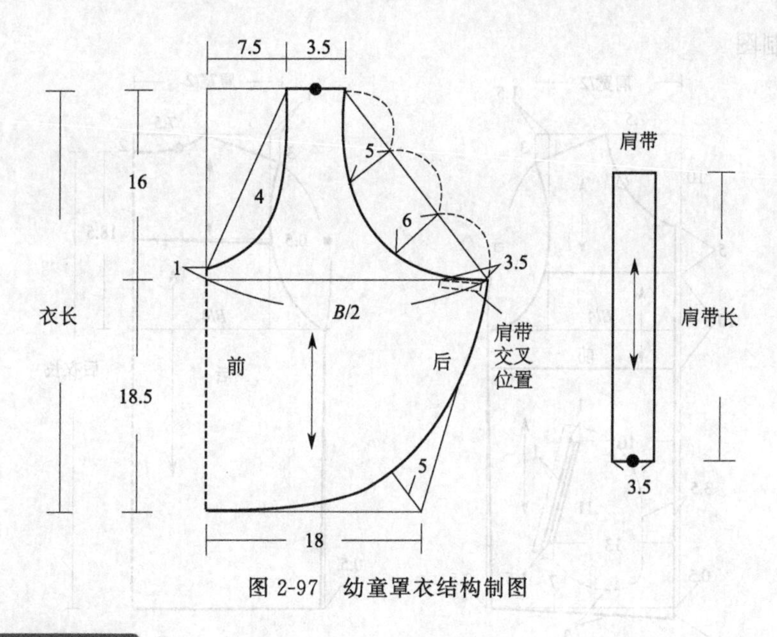

图 2-97 幼童罩衣结构制图

45. 小童连帽防晒服

(1) 款式说明

防晒服是夏季户外常用服装，面料轻薄柔软，防晒透气。本款防晒服采用撞色设计，简洁明快。

图 2-98 小童连帽防晒服款式图

(2) 面料、里料、辅料

面料：白色/荧光黄防晒布。

里料：经编网眼布，袋布同面料。

辅料：弹力针织滚条，松紧带，粗齿塑料拉链。

(3) 成衣规格

表 2-45 小童连帽防晒服成衣规格

部位 规格	后衣长	肩宽	胸围	摆围	袖肥	袖口 放松/拉伸	袖长	适合年龄
120/52	47.5	31	82	80	31	16/23	42	6～7 岁

（4）结构制图

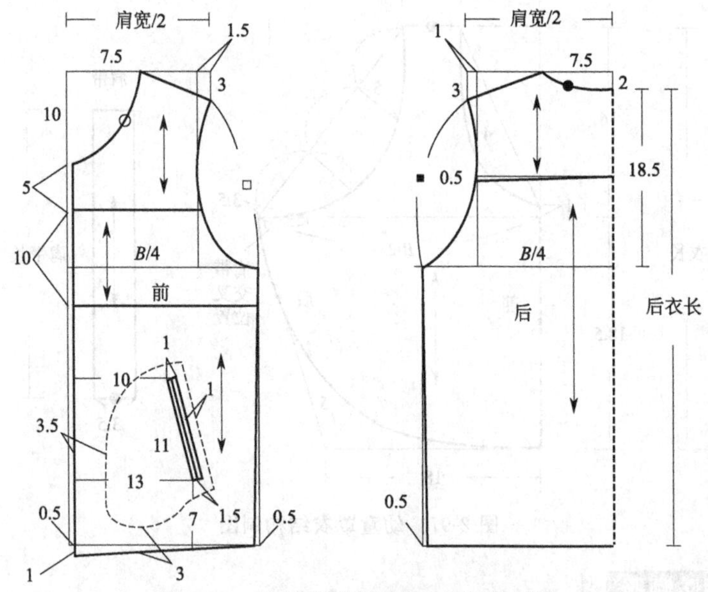

图 2-99　小童连帽防晒服衣身结构制图

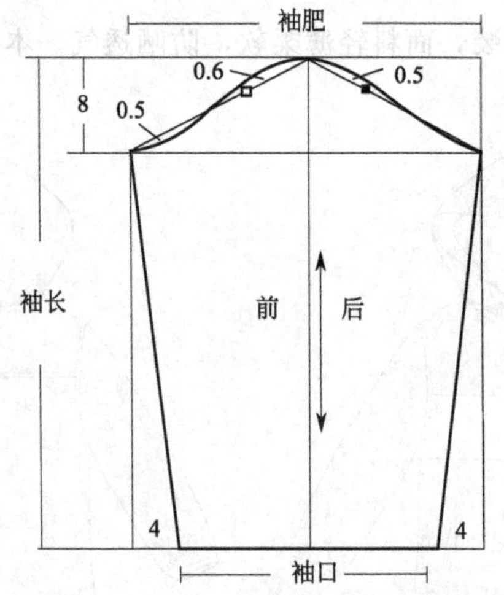

图 2-100　小童连帽防晒服袖子结构制图

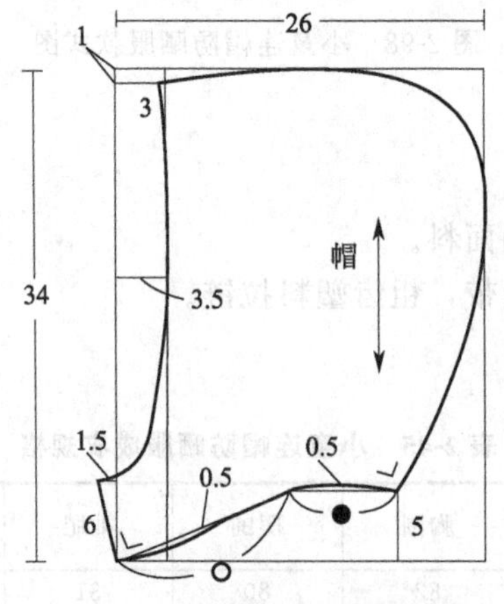

图 2-101　防晒服帽子结构制图

46. 小童连帽外套

(1) 款式说明

本款连帽外套为宽松直身造型，长袖，平摆，直插袋。

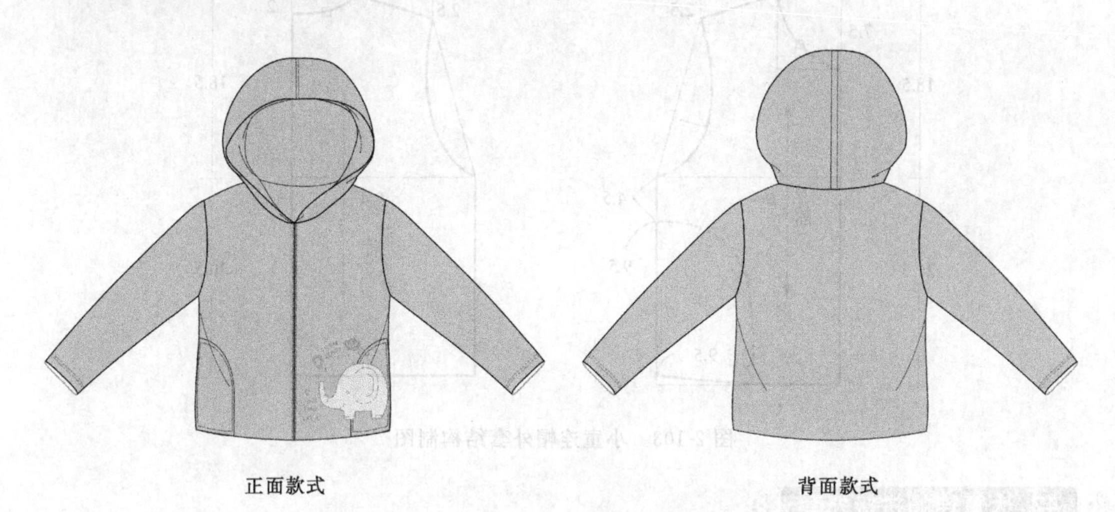

图 2-102 小童连帽外套款式图

(2) 面料、辅料

面料：95.8%棉、4.2%氨纶。

辅料：树脂拉链。

(3) 成衣规格

表 2-46 小童连帽外套成衣规格

部位 规格	衣长	胸围	肩宽	袖长	袖口	适合年龄
100/52	39	76	28.6	31	18	3～4 岁

(4) 结构制图

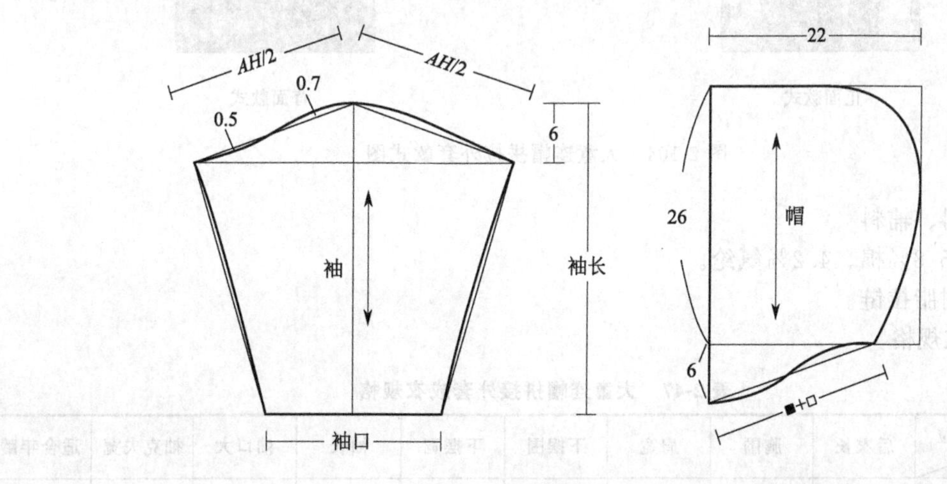

图 2-103

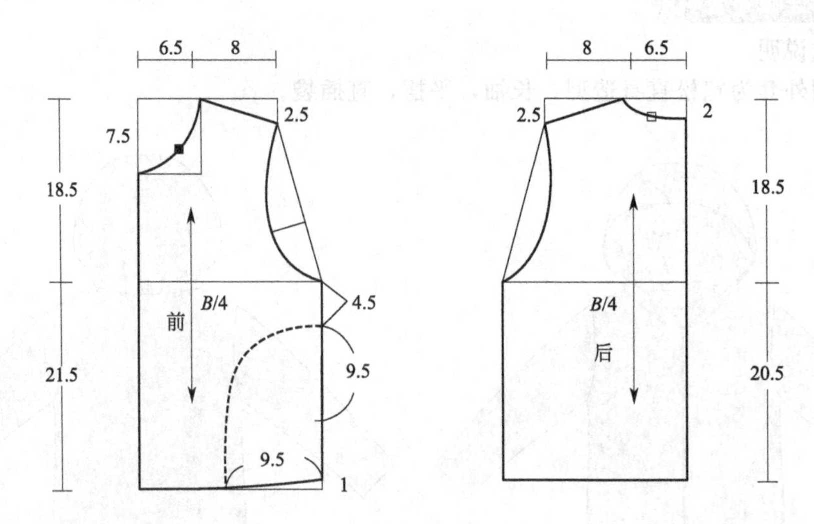

图 2-103 小童连帽外套结构制图

47. 大童连帽拼接外套

（1）款式说明

本款连帽外套为宽松直身造型，前片、袖片采用不同色彩的面料进行拼接。

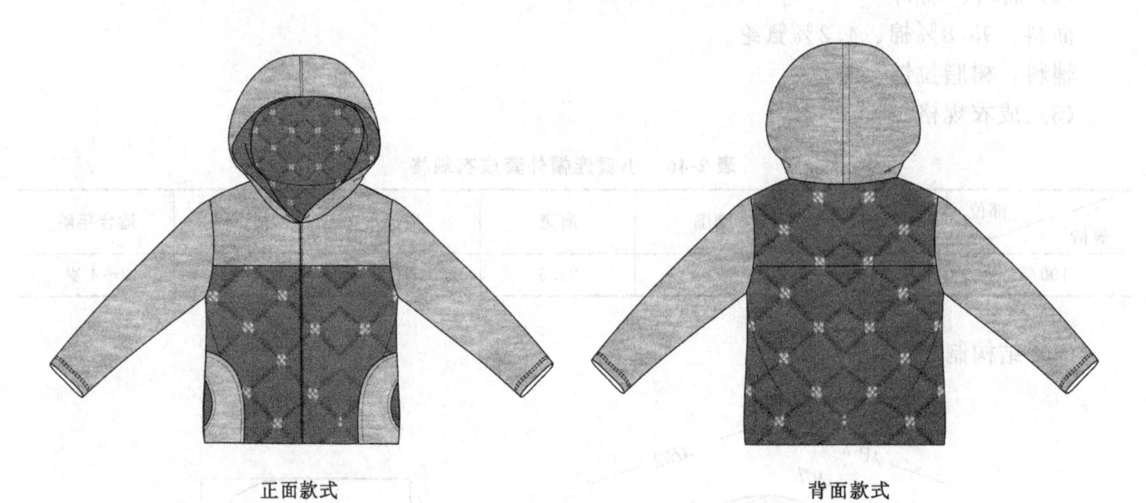

图 2-104 大童连帽拼接外套款式图

（2）面料、辅料

面料：95.8%棉、4.2%氨纶。

辅料：树脂拉链。

（3）成衣规格

表 2-47 大童连帽拼接外套成衣规格

部位 规格	后衣长	胸围	肩宽	下摆围	下摆宽	袖长	袖口大	袖克夫宽	适合年龄
130/60	53	88	35	78	1	47	21	1	7～8 岁

（4）结构制图

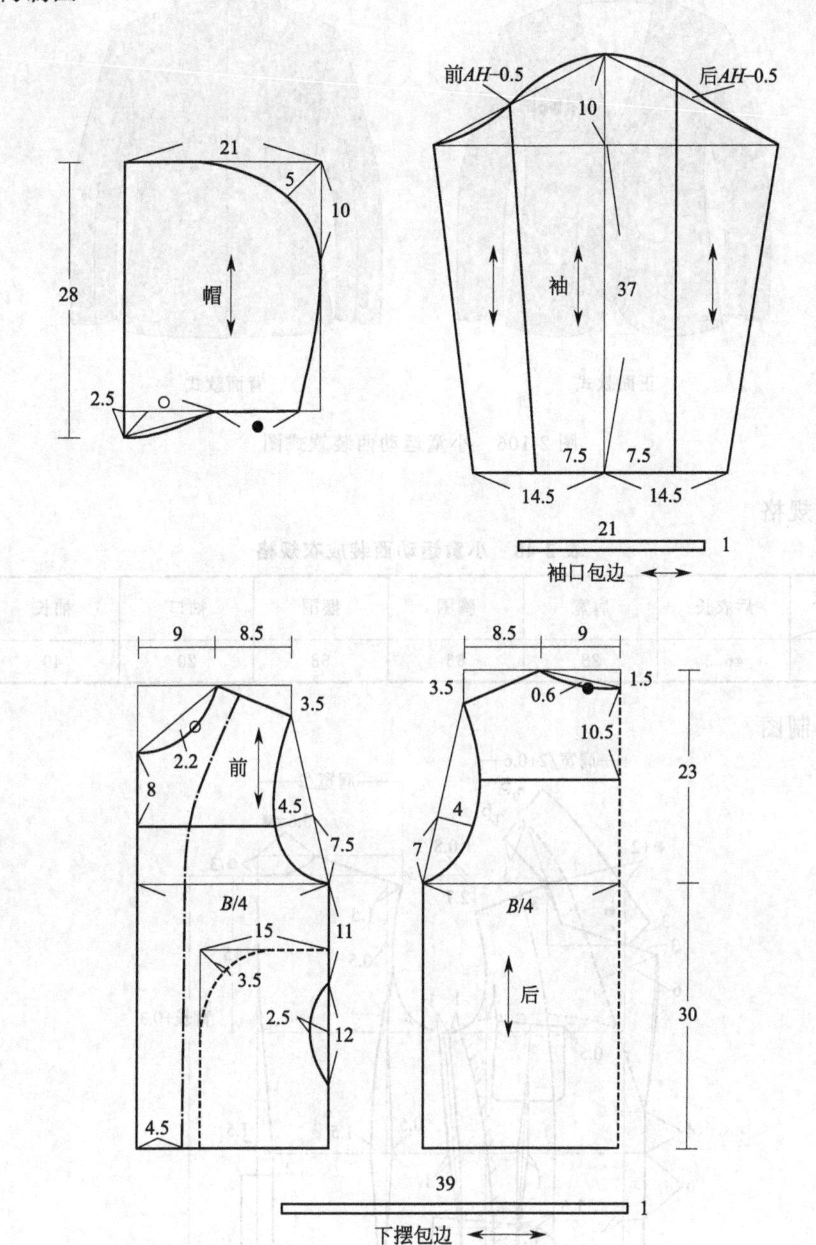

图 2-105　大童连帽拼接外套结构制图

48. 小童运动西装

（1）款式说明

本款西装模仿成人运动西装的款式，采用贴袋设计，后中缝处开衩，胸袋上可装饰刺绣徽章。

（2）面料、里料、辅料

面料：斜纹粗布或薄毛呢。

里料：斜纹绸。

辅料：黏合衬，牵条，纽扣，薄垫肩。

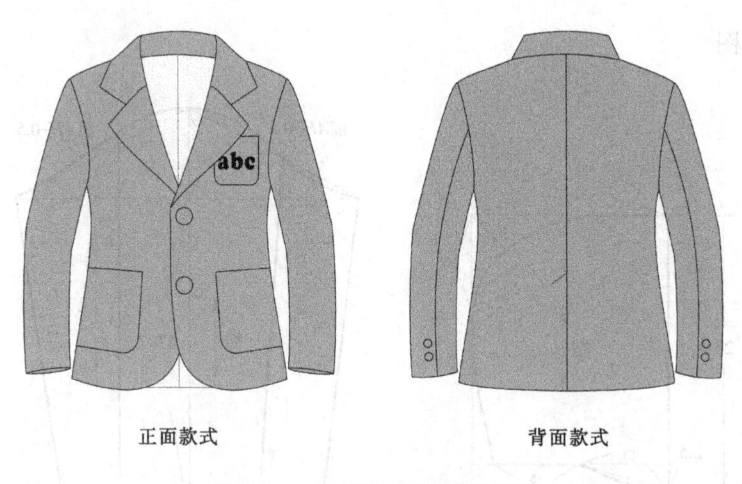

图 2-106 小童运动西装款式图

（3）成衣规格

表 2-48 小童运动西装成衣规格

部位 规格	后衣长	肩宽	胸围	摆围	袖口	袖长	适合年龄
120/52	46.3	28	66	68	20	40	6～7 岁

（4）结构制图

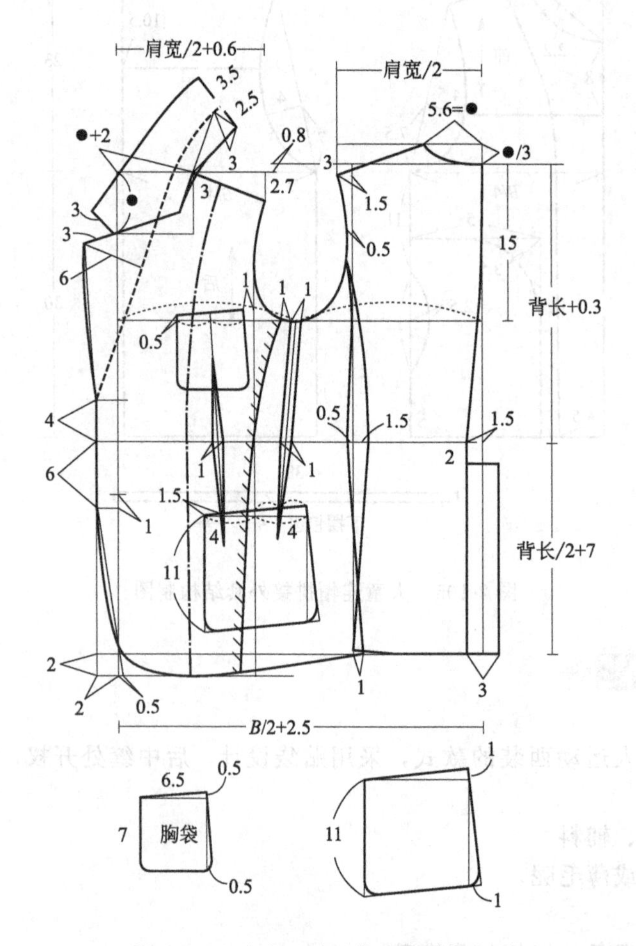

图 2-107 小童运动西装衣身结构制图

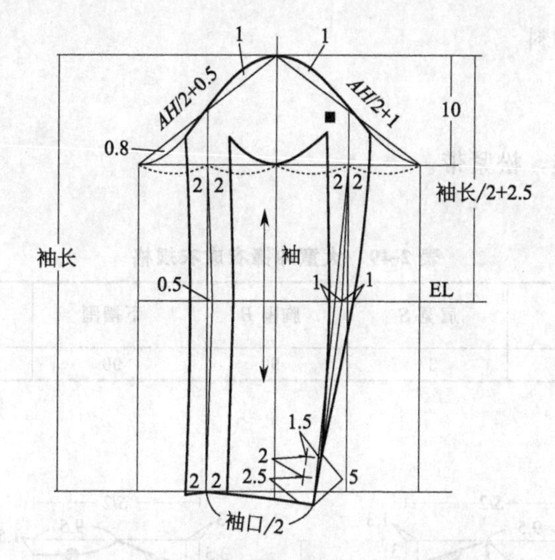

图 2-108　小童运动西装袖子结构制图

49. 大童冲锋衣

(1) 款式说明

本款冲锋衣为宽松直身造型。采用网眼里衬，透气防风，适合儿童春秋季节户外穿着。前后衣身在肩部、侧缝、下摆、袖中缝等部位采用分割拼接设计。

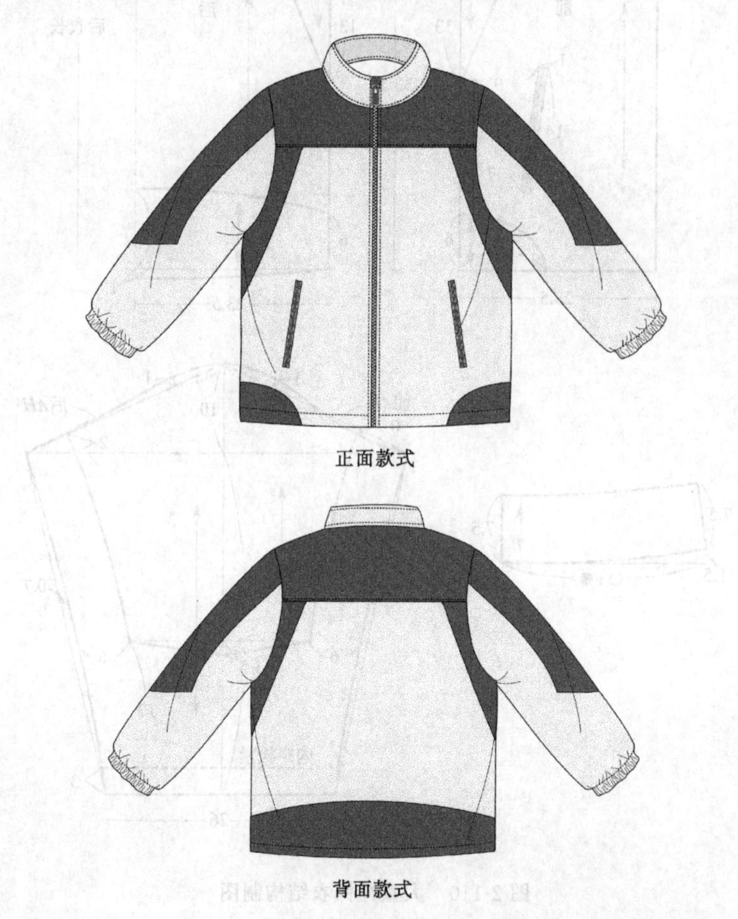

图 2-109　大童冲锋衣款式图

（2）面料、里料、辅料

面料：100%锦纶。

里料：网眼里衬。

辅料：尼龙开尾拉链，松紧带。

（3）成衣规格

表 2-49 大童冲锋衣成衣规格

规格 \ 部位	后衣长	肩宽 S	胸围 B	下摆围	袖口	适合年龄
130/64	55	37	90	90	26	7～8岁

（4）结构制图

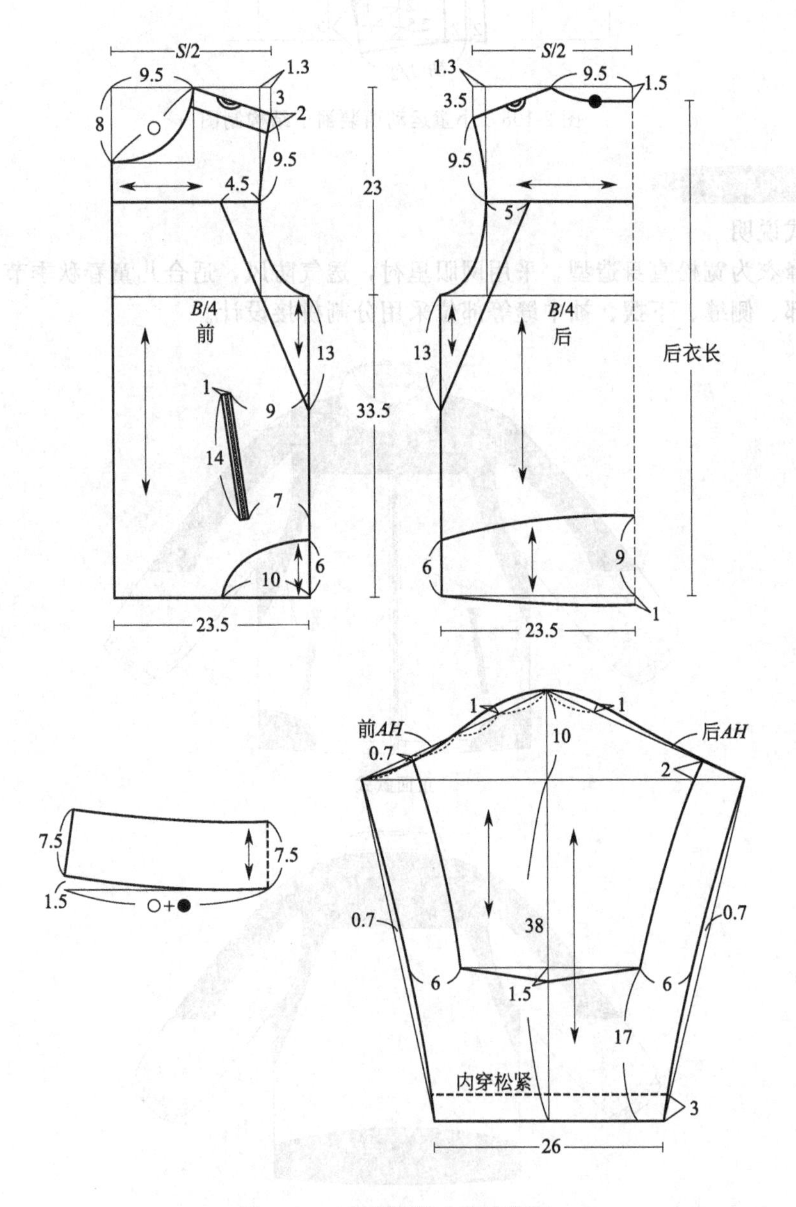

图 2-110 大童冲锋衣结构制图

50. 和服上衣

(1) 款式说明

本款和服上衣采用斜门襟，系带式，短袖，整体宽松舒适。

图 2-111 和服上衣款式图

(2) 面料

面料：全棉细平布。

(3) 成衣规格

表 2-50 和服上衣成衣规格

规格 \ 部位	后衣长	前衣长	胸围	袖长	袖口大	适合年龄
70/44	30.3	31.3	66.4	7.5	25.4	0~1岁

(4) 结构制图

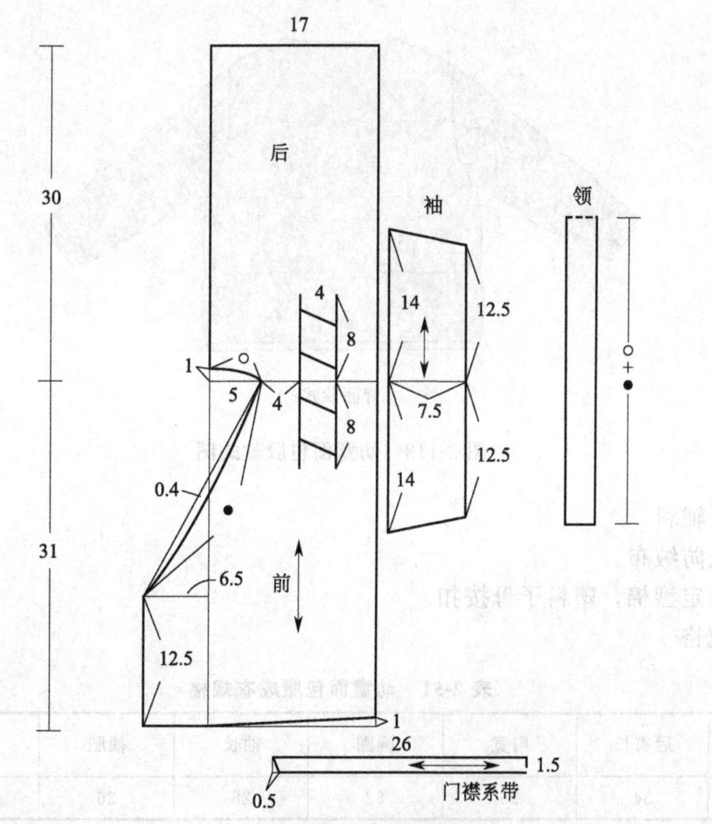

图 2-112 和服上衣结构制图

七、棉服与羽绒服

51. 幼童面包服

（1）款式说明

本款面包服为无领设计。填充羽绒或腈纶定型棉，领口、门襟和袖口采用滚边工艺，里襟采用双排扣设计，可以调节肥瘦，既可外穿，也可作为保暖内搭。

正面款式

背面款式

图 2-113　幼童面包服款式图

（2）面料、辅料

面料：涤纶防绒布。

辅料：腈纶定型棉，塑料子母按扣。

（3）成衣规格

表 2-51　幼童面包服成衣规格

规格 \ 部位	后衣长	肩宽	胸围	袖长	袖肥	袖口	适合年龄
90/52	34	26	62	28	26	21	1～2 岁

(4) 结构制图

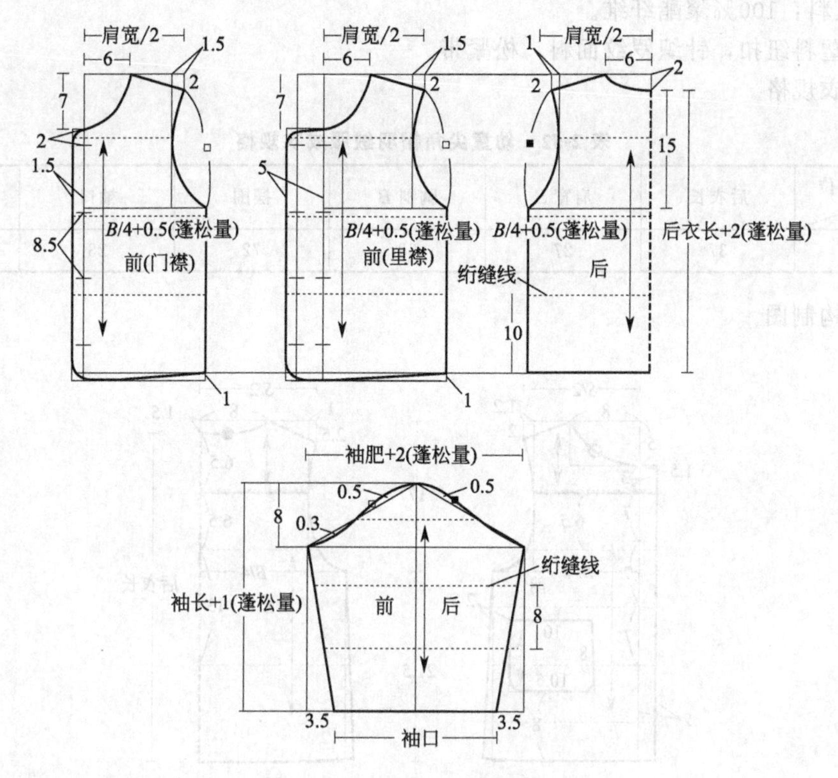

图 2-114 幼童面包服结构制图

52. 幼童尖角帽羽绒服

(1) 款式说明

本款羽绒服衣身采用直身造型,单排扣设计,前后衣片在肩部横向分割。帽顶为尖角造型,帽口采用松紧缝制。

图 2-115 幼童尖角帽羽绒服款式图

(2) 面料、里料、辅料

面料/里料：100%聚酯纤维。

辅料：塑料纽扣，针织罗纹面料，松紧带。

(3) 成衣规格

表 2-52 幼童尖角帽羽绒服成衣规格

规格＼部位	后衣长	肩宽 S	胸围 B	摆围	袖口	适合年龄
80/48	37	27	68	72	23	1～1.5岁

(4) 结构制图

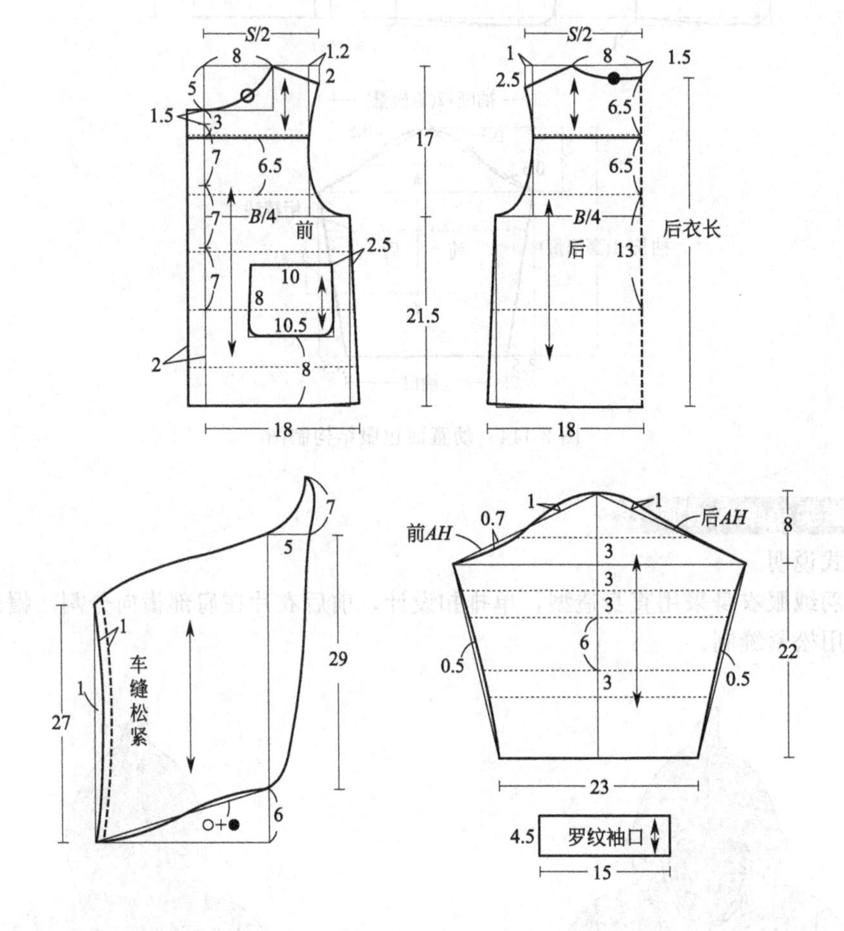

图 2-116 幼童尖角帽羽绒服结构制图

53. 幼童无领羽绒服

(1) 款式说明

本款羽绒服采用无领设计，下摆造型宽松。衣身、袖子采用横向、竖向两种方向的绗缝线迹作为装饰。

(2) 面料、里料、辅料

面料/里料：100%聚酯纤维。

辅料：尼龙开尾拉链。

正面款式

背面款式

图 2-117 幼童无领羽绒服款式图

(3) 成衣规格

表 2-53 幼童无领羽绒服成衣规格

部位 规格	后衣长	肩宽 S	胸围 B	摆围	袖口	适合年龄
86/50	33	27	65	76	20	2岁

(4) 结构制图

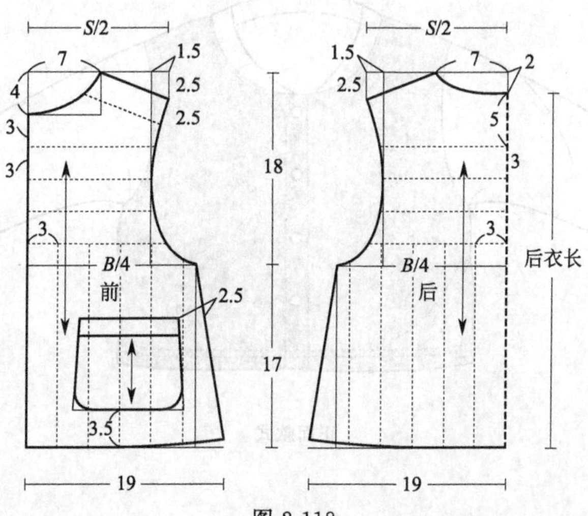

图 2-118

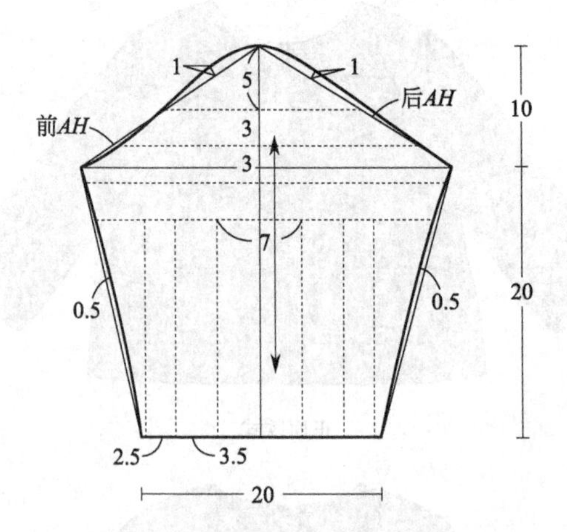

图 2-118 幼童无领羽绒服结构制图

（5）细节工艺

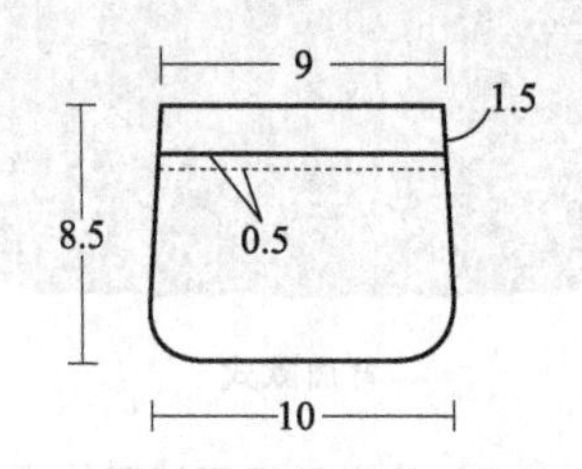

图 2-119 贴袋尺寸

54. 幼童小棉服

（1）款式说明

本款幼童棉服采用双层夹棉设计，面料舒适保暖。领口采用针织罗纹面料，衣身与袖子采用两种色彩面料设计。

正面款式

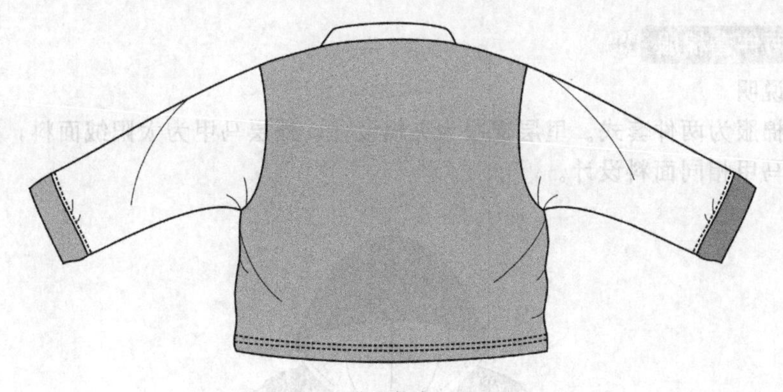

背面款式

图 2-120　幼童小棉服款式图

（2）面料、里料、填充物、辅料

面料/里料：100%棉。

填充物：100%聚酯纤维。

辅料：针织罗纹面料，塑料纽扣。

（3）成衣规格

表 2-54　幼童小棉服成衣规格

规格＼部位	后衣长	肩宽 S	胸围 B	摆围	袖口	适合年龄
66/44	26	25.5	58	60	18	1岁

（4）结构制图

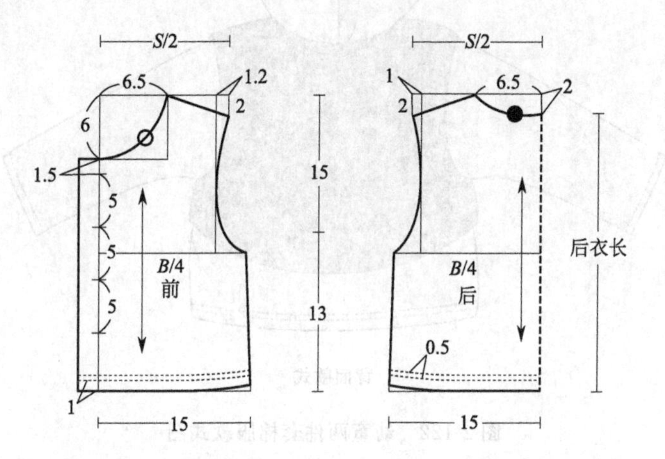

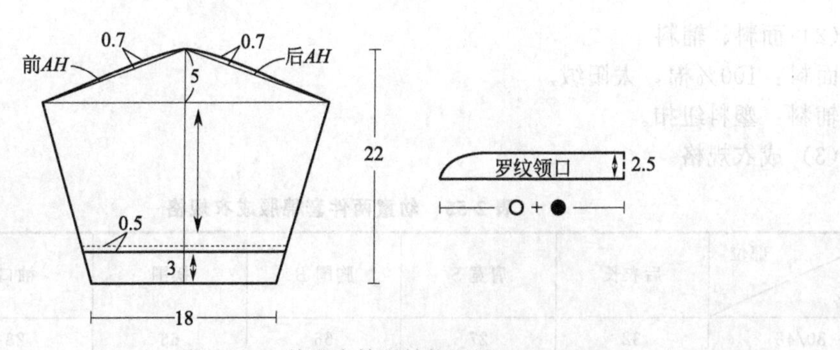

图 2-121　幼童小棉服结构制图

55. 幼童两件套棉服

（1）款式说明

本款幼童棉服为两件套式。里层棉服为夹棉设计，外层马甲为太阳绒面料，柔软保暖。帽顶采用与外层马甲相同面料设计。

正面款式

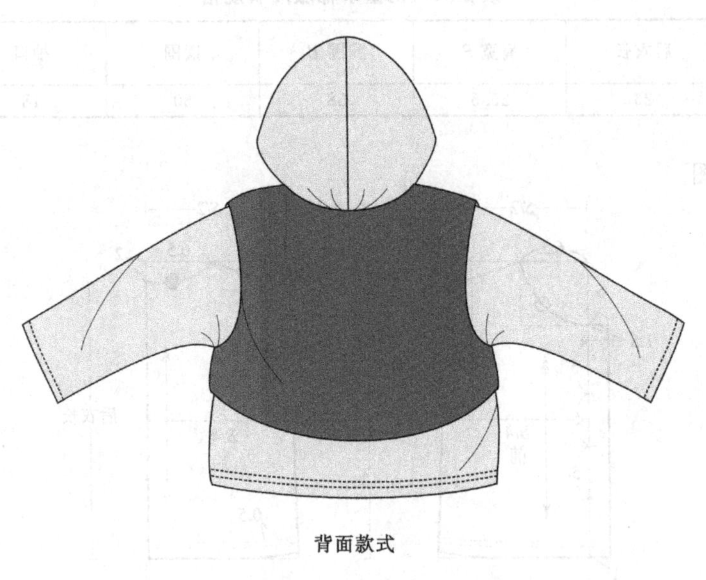

背面款式

图2-122 幼童两件套棉服款式图

（2）面料、辅料

面料：100%棉，太阳绒。

辅料：塑料纽扣。

（3）成衣规格

表2-55 幼童两件套棉服成衣规格

部位 规格	后衣长	肩宽 S	胸围 B	摆围	袖口	适合年龄
80/48	32	27	66	66	23	1～1.5岁

（4）结构制图

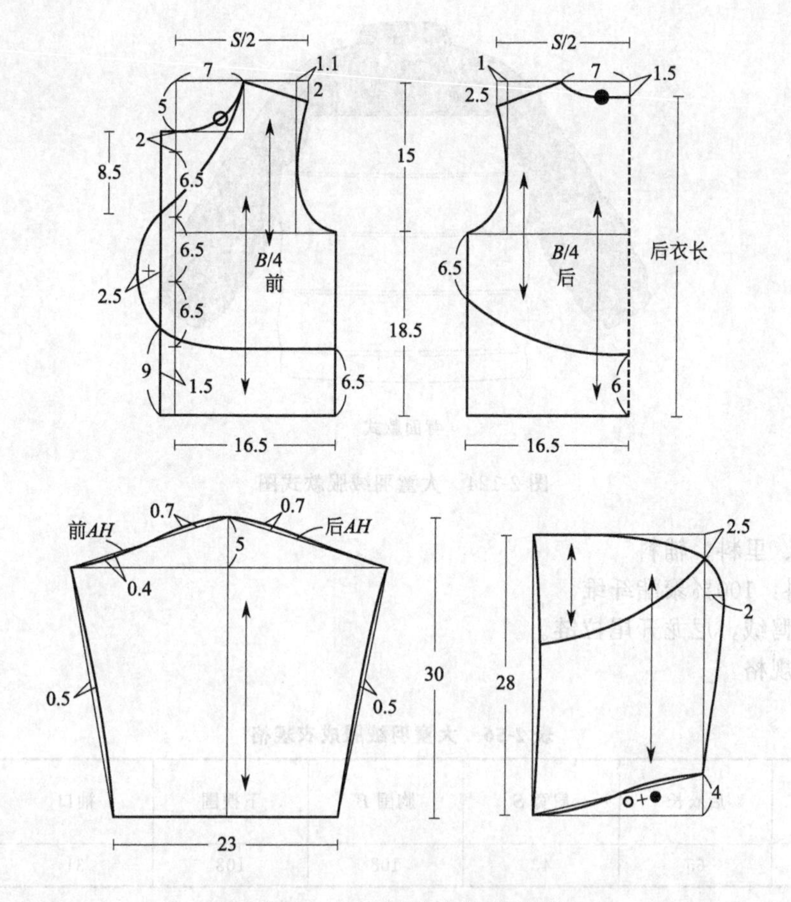

图 2-123　幼童两件套棉服结构制图

56. 大童羽绒服

（1）款式说明

本款羽绒服采用两种色彩面料拼接设计而成。面料舒适，手感柔软，独特胸袋设计，美观时尚。

正面款式

图 2-124

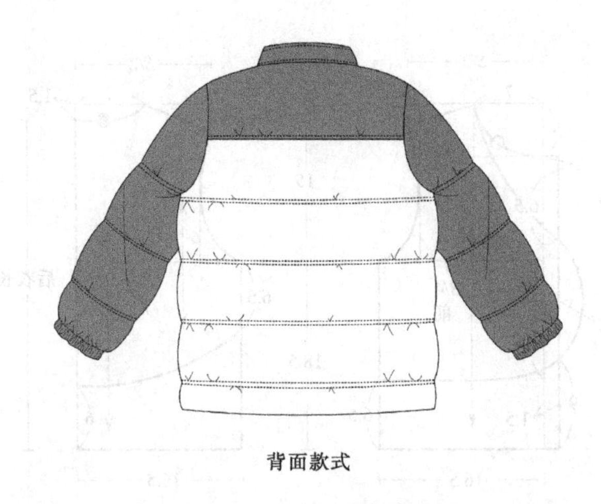

背面款式

图 2-124 大童羽绒服款式图

(2) 面料、里料、辅料

面料/里料：100%聚酯纤维。

辅料：白鸭绒，尼龙开尾拉链。

(3) 成衣规格

表 2-56 大童羽绒服成衣规格

规格 \ 部位	后衣长	肩宽 S	胸围 B	下摆围	袖口	适合年龄
160/80	65	43	108	108	31	12～13 岁

(4) 结构制图

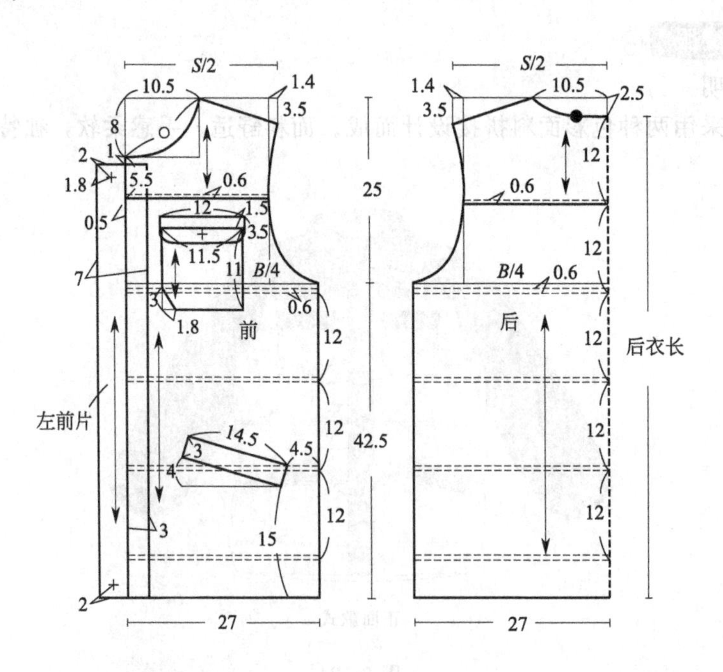

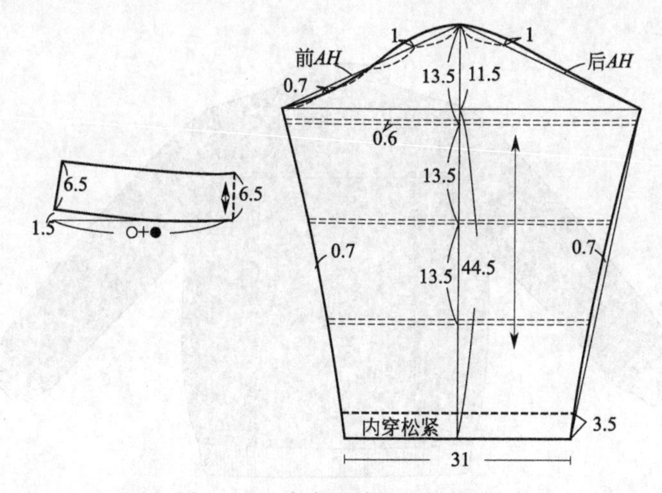

图 2-125　大童羽绒服结构制图

（5）细节工艺

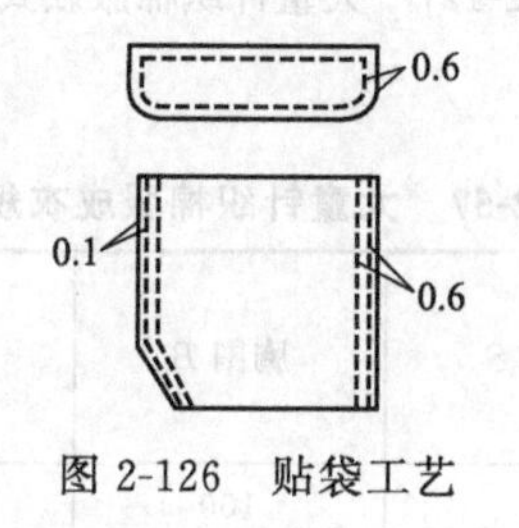

图 2-126　贴袋工艺

57. 大童针织棉服

（1）款式说明

本款棉服外套，适合秋冬季节穿着，柔软保暖。前后衣身采用分割设计，前右片与过肩部位采用人造皮革面料拼接，领口、袖口与下摆采用针织罗纹面料，穿着舒适。

（2）面料、辅料

面料：95％棉、5％氨纶，加绒 100％涤，人造皮革。

辅料：尼龙开尾拉链，针织罗纹面料。

正面款式

图 2-127

背面款式

图 2-127 大童针织棉服款式图

(3) 成衣规格

表 2-57 大童针织棉服成衣规格

部位 规格	后衣长	肩宽 S	胸围 B	摆围	袖口	适合年龄
160/88	56	42	100	94	27	12～13 岁

(4) 结构制图

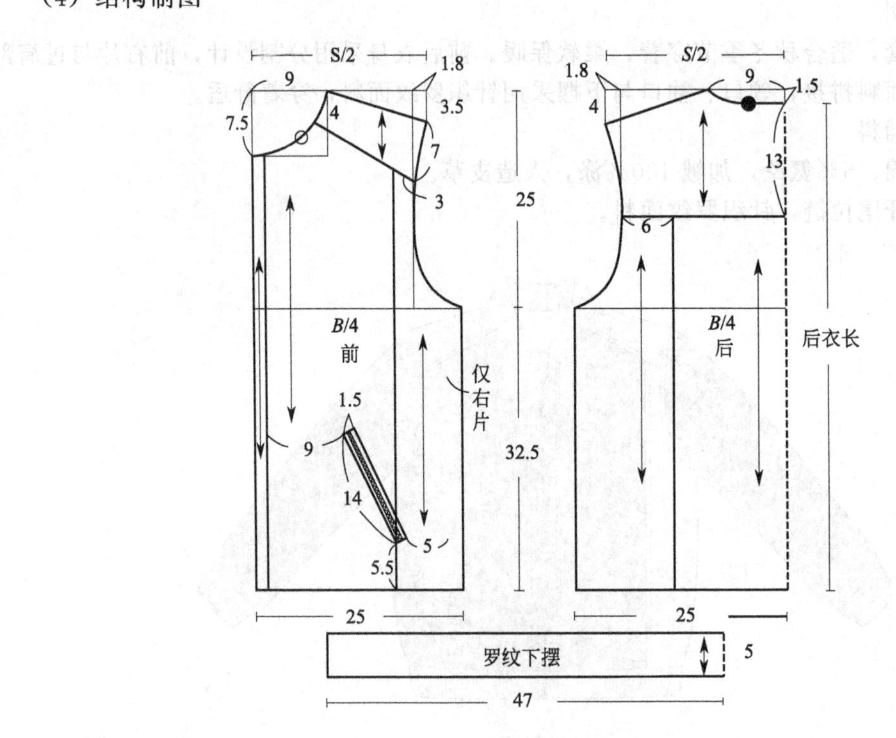

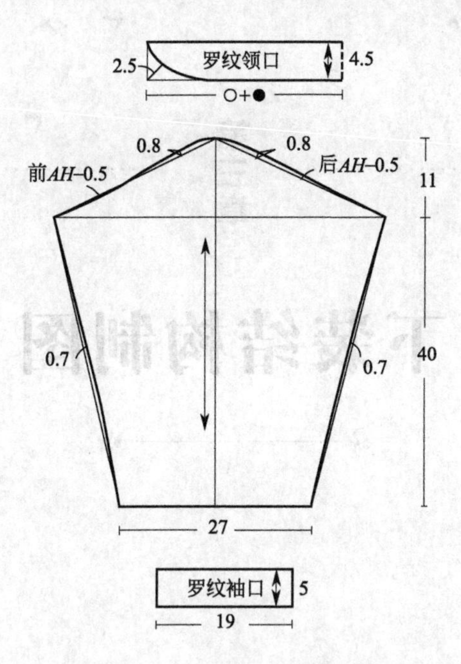

图 2-128　大童针织棉服结构制图

下装结构制图

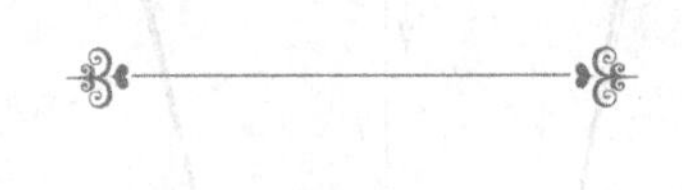

58. 幼童针织家居裤

（1）款式说明

本款针织家居裤，既可以作为外穿的家居裤，也可以作为内穿的针织衬裤。裆部可以拆开至套结处，作为开裆裤使用。

图 3-1　幼童针织家居裤款式图

（2）面料、辅料

面料：全棉针织布。

辅料：2cm 宽松紧带。

（3）成衣规格

表 3-1　幼童针织家居裤成衣规格

规格＼部位	腰围 W	臀围 H	裤长	立裆	裤口	适合年龄
90/52	44	52	49	19	18	1～2 岁

（4）结构制图

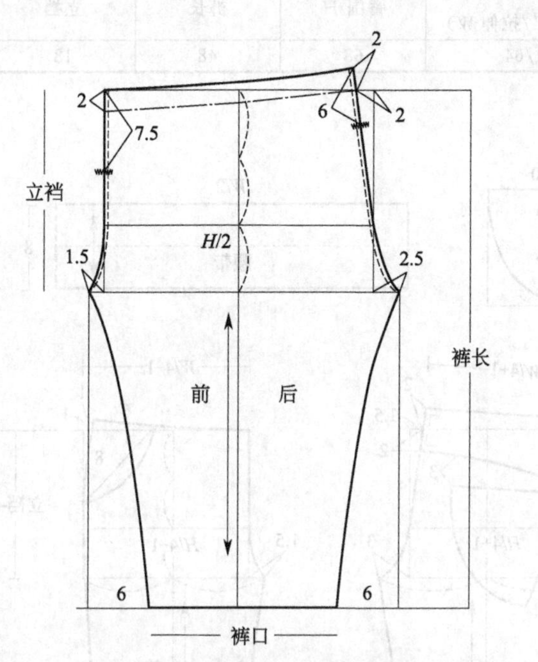

图 3-2　幼童针织家居裤结构制图

59. 幼童灯笼裤

（1）款式说明

本款幼童裤采用育克分割，裤腰和脚口为罗纹收口设计，裤腰加抽绳，方便系紧。

图 3-3　幼童灯笼裤款式图

（2）面料、辅料

面料：全棉迷彩薄斜纹布，全棉米色斜纹布。

辅料：针织罗纹布，松紧带。

（3）成衣规格

表 3-2 幼童灯笼裤成衣规格

规格＼部位	腰围（放松 W'/拉伸 W）	臀围 H	裤长	立裆	裤口	适合年龄
90/52	44/64	68	48	18	26	2岁

（4）结构制图

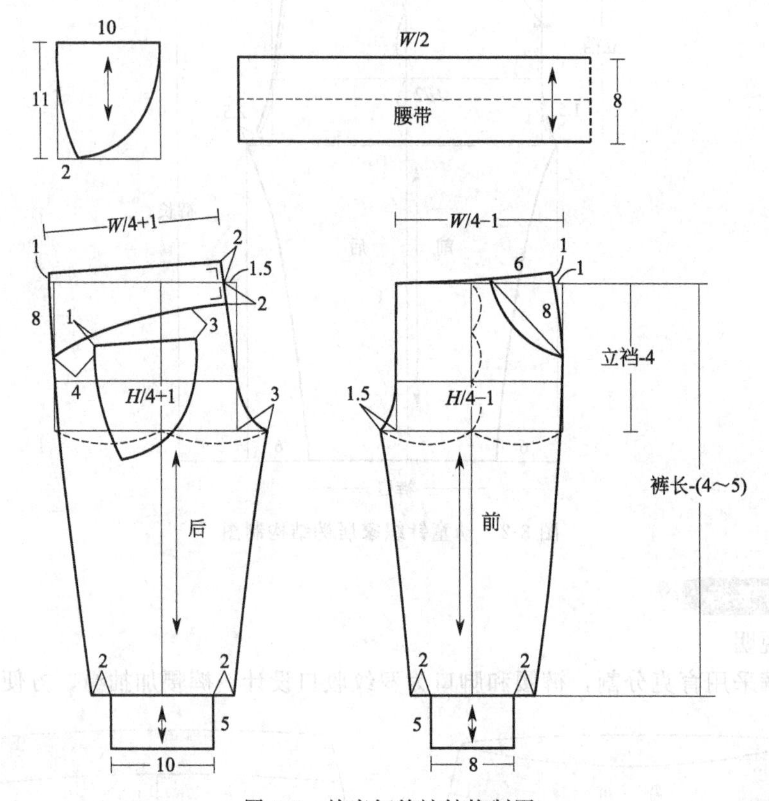

图 3-4 幼童灯笼裤结构制图

60. 幼童兜裆裤

（1）款式说明

本款兜裆裤采用松紧腰头，方便穿脱，上裆处采用拼接设计。

（2）面料、辅料

面料：100%棉。

辅料：松紧带。

（3）成衣规格

表 3-3 幼童兜裆裤成品规格

规格＼部位	裤长（含腰头）	腰围（拉伸/放松）	臀围	直裆	脚口围	适合年龄
70/44	37.5	60/42	60	18	25	0～1岁

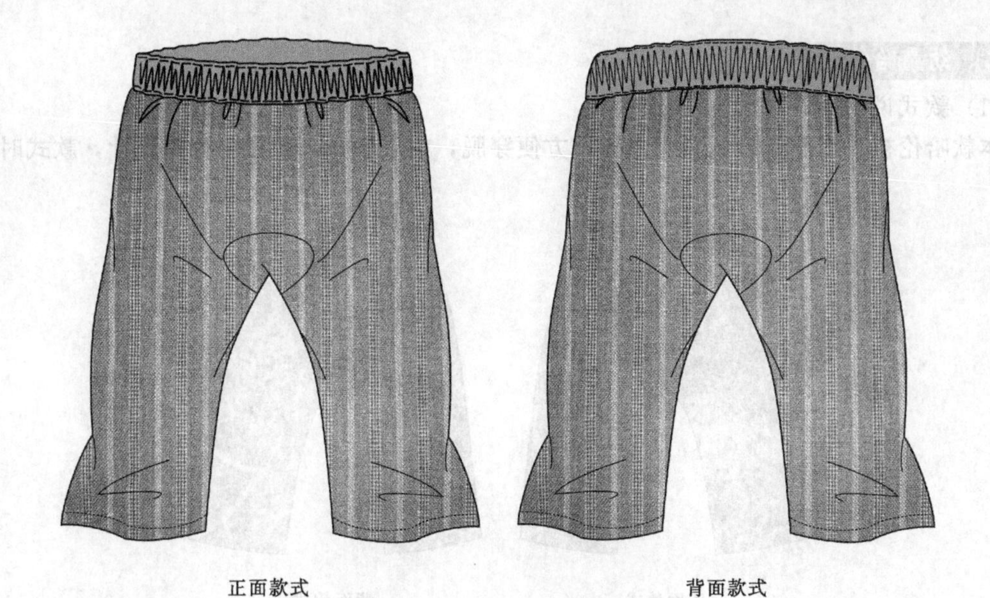

图 3-5 幼童兜裆裤款式图

(4) 结构制图

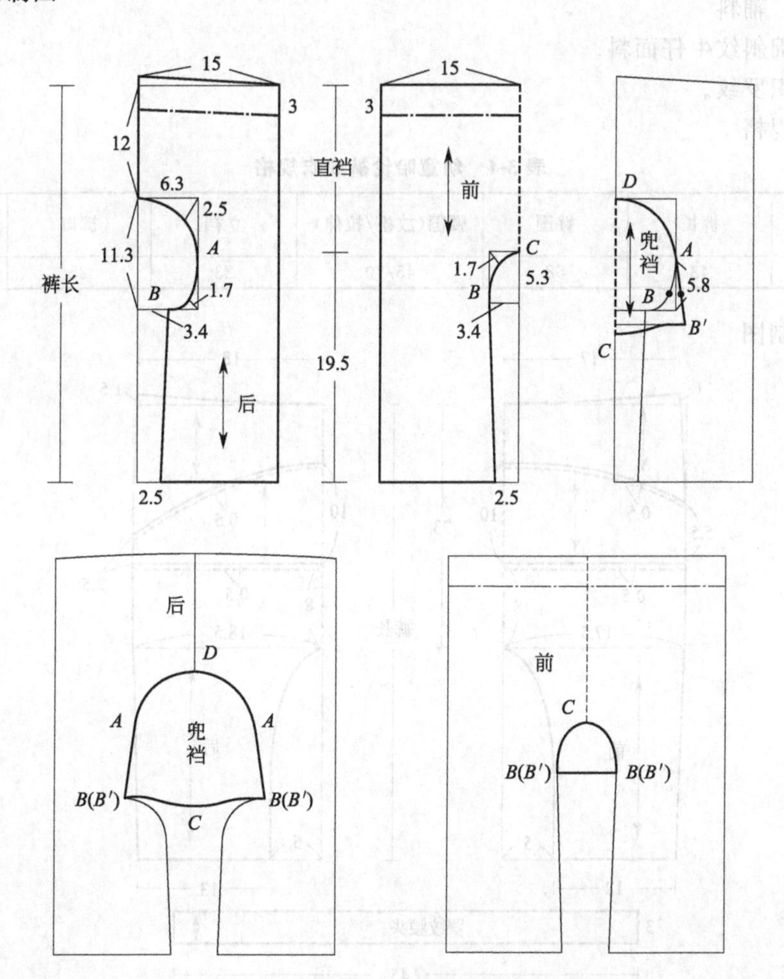

图 3-6 幼童兜裆裤结构制图

61. 幼童哈伦裤

（1）款式说明

本款哈伦裤采用罗纹松紧腰头设计，方便穿脱，前后裤身采用横向分割设计，款式时尚。

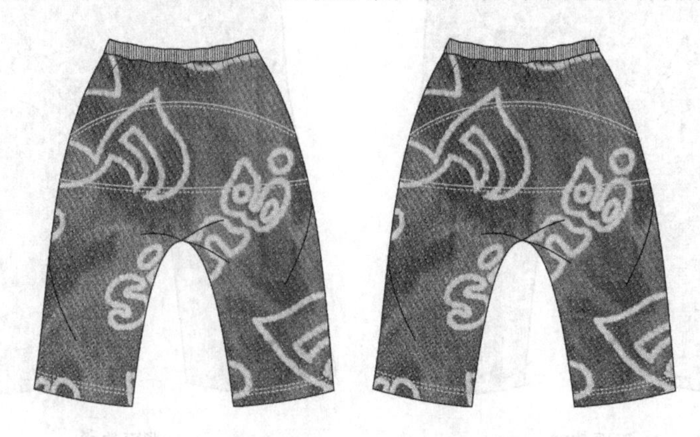

正面款式　　背面款式

图 3-7　幼童哈伦裤款式图

（2）面料、辅料

面料：全棉斜纹牛仔面料。

辅料：针织罗纹。

（3）成衣规格

表 3-4　幼童哈伦裤成衣规格

规格 \ 部位	裤长	臀围	腰围(放松/拉伸)	立裆	裤口	适合年龄
90/52	43	68	45/70	23	25	2 岁

（4）结构制图

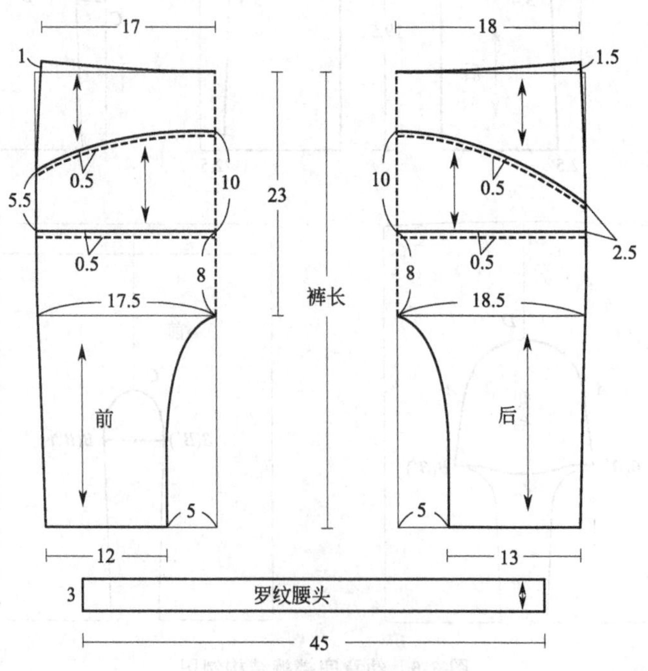

图 3-8　幼童哈伦裤结构制图

62. 幼童牛仔裤

(1) 款式说明

本款幼童牛仔裤采用松紧腰头设计，穿脱方便，前片采用贴袋设计，后片采用育克分割设计，前后侧缝处缉多道明线装饰。

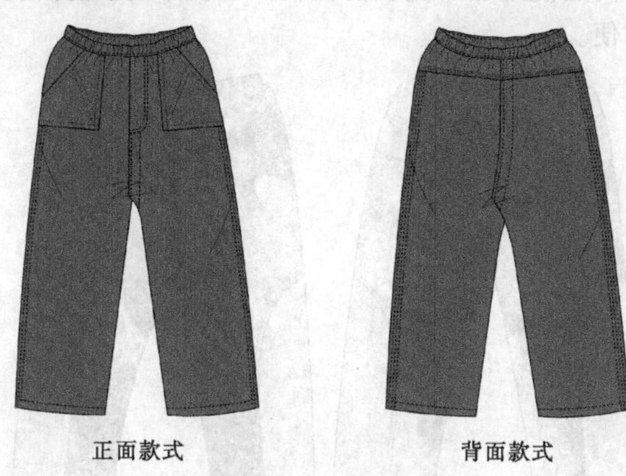

图 3-9 幼童牛仔裤款式图

(2) 面料、辅料

面料：100%棉。

辅料：松紧带。

(3) 成衣规格

表 3-5 幼童牛仔裤成衣规格

部位 规格	裤长	臀围 H	腰围(放松/拉伸 W)	立裆	裤口	适合年龄
80/48	45	60	44/54	17	23	1～1.5 岁

(4) 结构制图

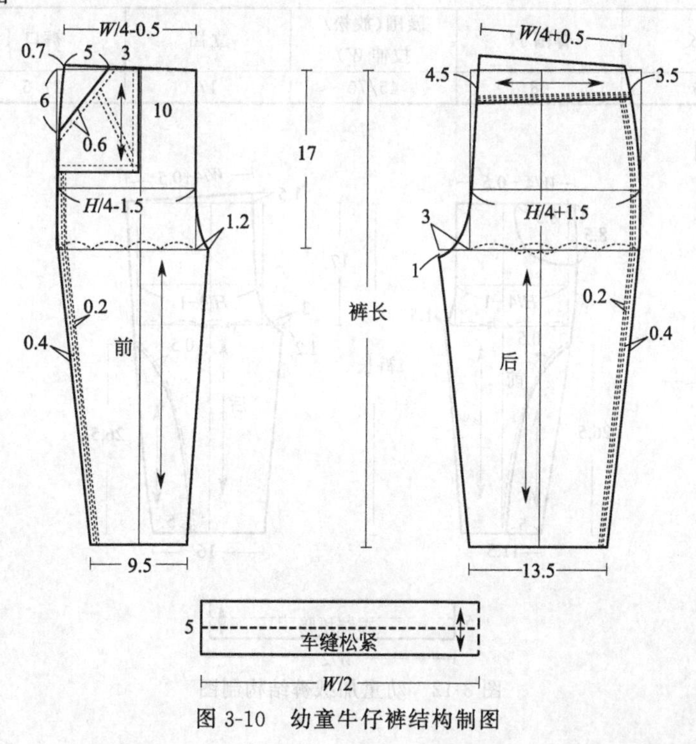

图 3-10 幼童牛仔裤结构制图

63. 幼童加绒裤

（1）款式说明

本款灯芯绒加绒裤，内层使用加厚优质摇粒绒，柔软保暖。前后裤片采用分割设计，腰头使用松紧带缝制，穿脱方便。

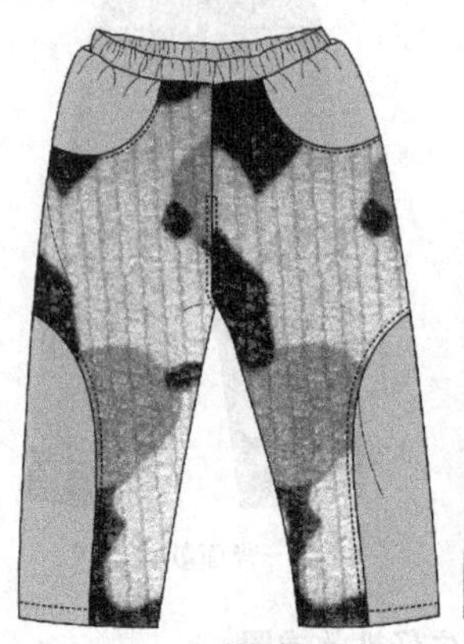

图 3-11　幼童加绒裤款式图

（2）面料、里料、口袋里布、辅料

面料：灯芯绒。

里料：摇粒绒。

口袋里布：涤棉平纹。

辅料：松紧带。

（3）成衣规格

表 3-6　幼童加绒裤成衣规格

部位 规格	裤长	臀围 H	腰围（放松/拉伸 W）	立裆	裤口	适合年龄
90/50	46	68	45/70	17	27.5	2 岁

（4）结构制图

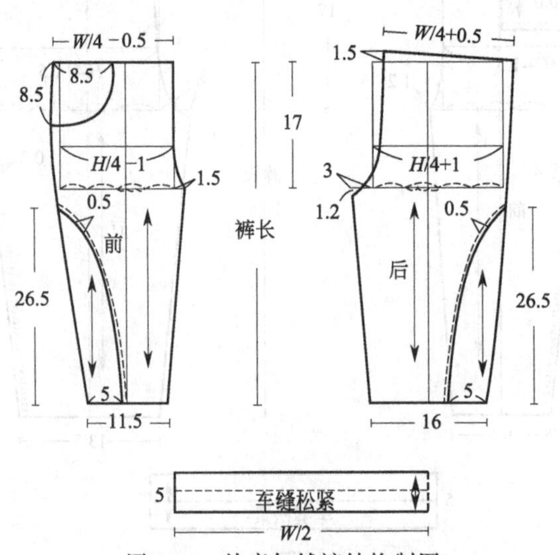

图 3-12　幼童加绒裤结构制图

64. 幼童运动休闲裤

（1）款式说明

本款运动休闲裤，采用全棉面料，柔软舒适，腰头采用罗纹松紧设计，便于穿脱，裤口收紧。

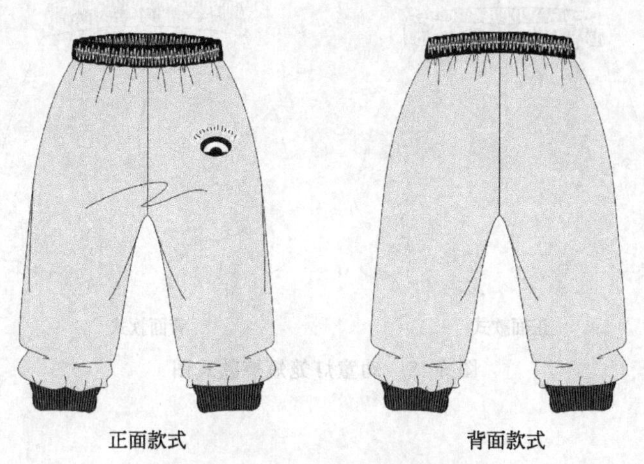

图 3-13　幼童运动休闲裤款式图

（2）面料、辅料

面料：100%棉。

辅料：罗纹，松紧带。

（3）成衣规格

表 3-7　幼童运动休闲裤成品规格

部位 规格	裤长 （含腰头）	腰围 （拉伸/放松）	臀围	直裆 （含腰头）	腰头宽	脚口围 （拉伸/放松）	适合年龄
80/47	37.5	59/37	59	17.5	3	22.5/19	1～1.5 岁

（4）结构制图

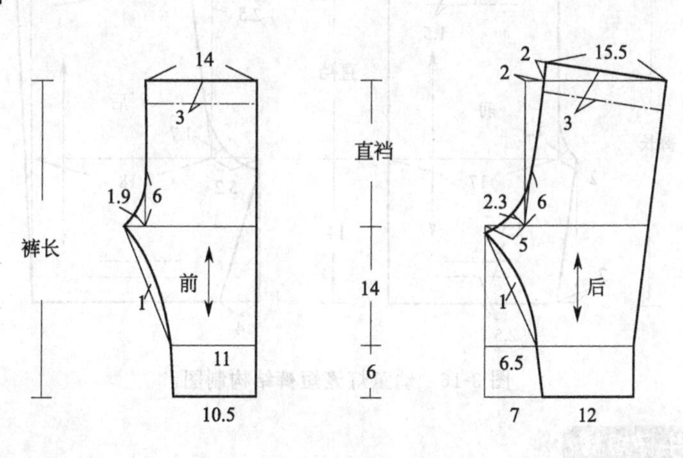

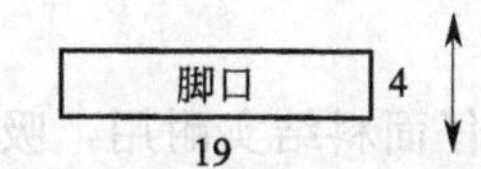

图 3-14　幼童运动休闲裤结构制图

65. 幼童灯笼短裤

（1）款式说明

本款灯笼短裤，裤口抽褶收紧，腰头采用松紧带，方便穿脱。

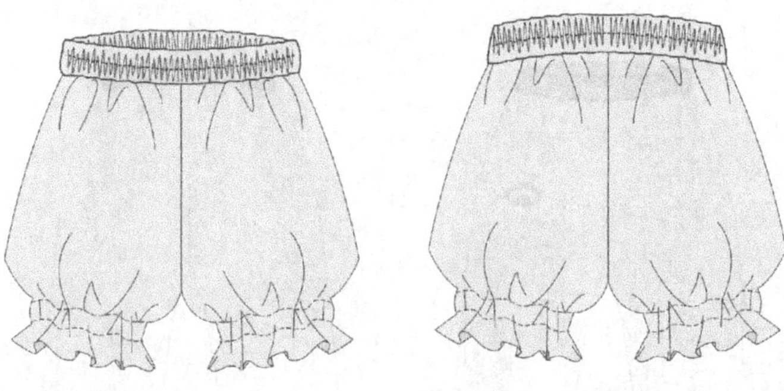

图 3-15　幼童灯笼短裤款式图

（2）面料、辅料

面料：100%棉。

辅料：松紧带。

（3）成衣规格

表 3-8　幼童灯笼短裤成品规格

部位 规格	裤长(含腰头)	腰围 (拉伸/放松)	直裆	脚口围 (拉伸/放松)	适合年龄
80/47	31.5	70/47	17.5	35/19	1～1.5岁

（4）结构制图

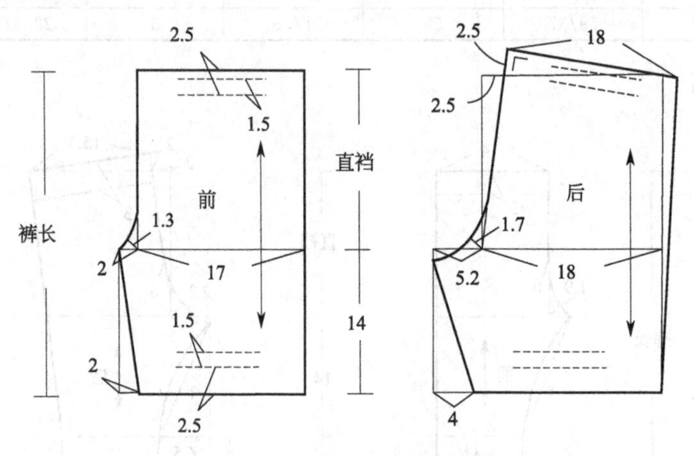

图 3-16　幼童灯笼短裤结构制图

66. 小童水洗牛仔短裤

（1）款式说明

牛仔短裤是男童常见款式。牛仔面料结实耐用，吸汗透气，水洗磨边处理后面料更加柔软舒适。本款短裤裤腰采用针织弹力罗纹面料，方便儿童穿脱。

（2）面料、口袋里布、辅料

面料：全棉斜纹牛仔布，厚度适中。

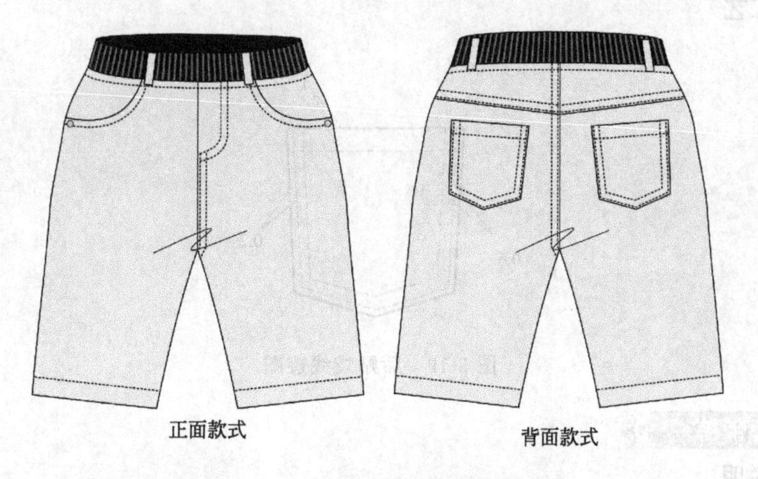

图 3-17 小童水洗牛仔短裤款式图

口袋里布：涤棉平纹

辅料：铜质铆钉、罗纹腰带、松紧带。

(3) 成衣规格

表 3-9 小童水洗牛仔短裤成衣规格

部位 规格	腰围(放松 W'/拉伸 W)	臀围	裤长	立裆	裤口	适合年龄
100/50	54/70	72	37	17	30	4～5 岁

(4) 结构制图

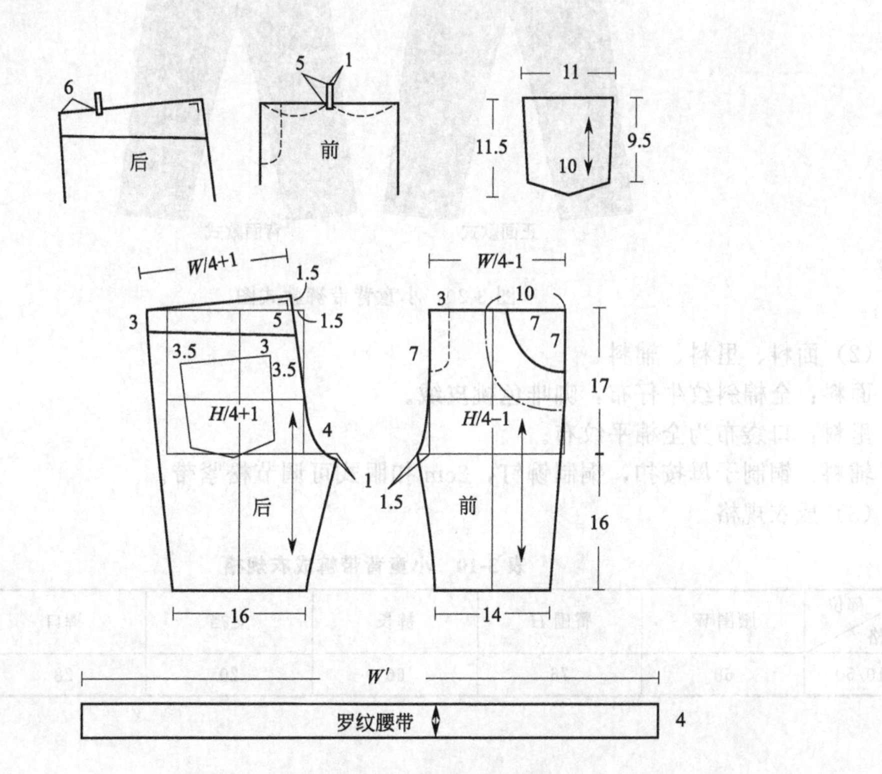

图 3-18 小童水洗牛仔短裤结构制图

(5) 细节工艺

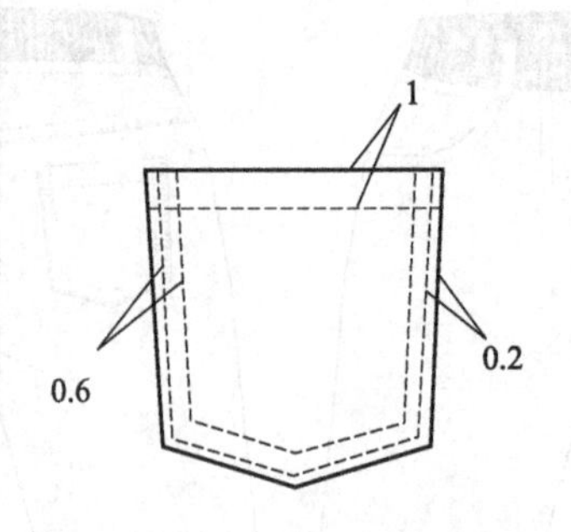

图 3-19 后贴袋线迹图

67. 小童背带裤

(1) 款式说明

本款背带在腰侧缝处设计有开口，后腰带穿有可调节的松紧带，可以使裤腰更合身，方便孩子活动。前后贴袋采用不对称设计，前片袋口用铆钉加固。

图 3-20 小童背带裤款式图

(2) 面料、里料、辅料

面料：全棉斜纹牛仔布，咖啡色桃皮绒。

里料：口袋布为全棉平纹布。

辅料：铜制子母按扣，铜制铆钉，2cm 扣眼式可调节松紧带。

(3) 成衣规格

表 3-10 小童背带裤成衣规格

部位 规格	腰围 W	臀围 H	裤长	立裆	裤口	适合年龄
110/50	68	76	66	20	28	5 岁

（4）结构制图

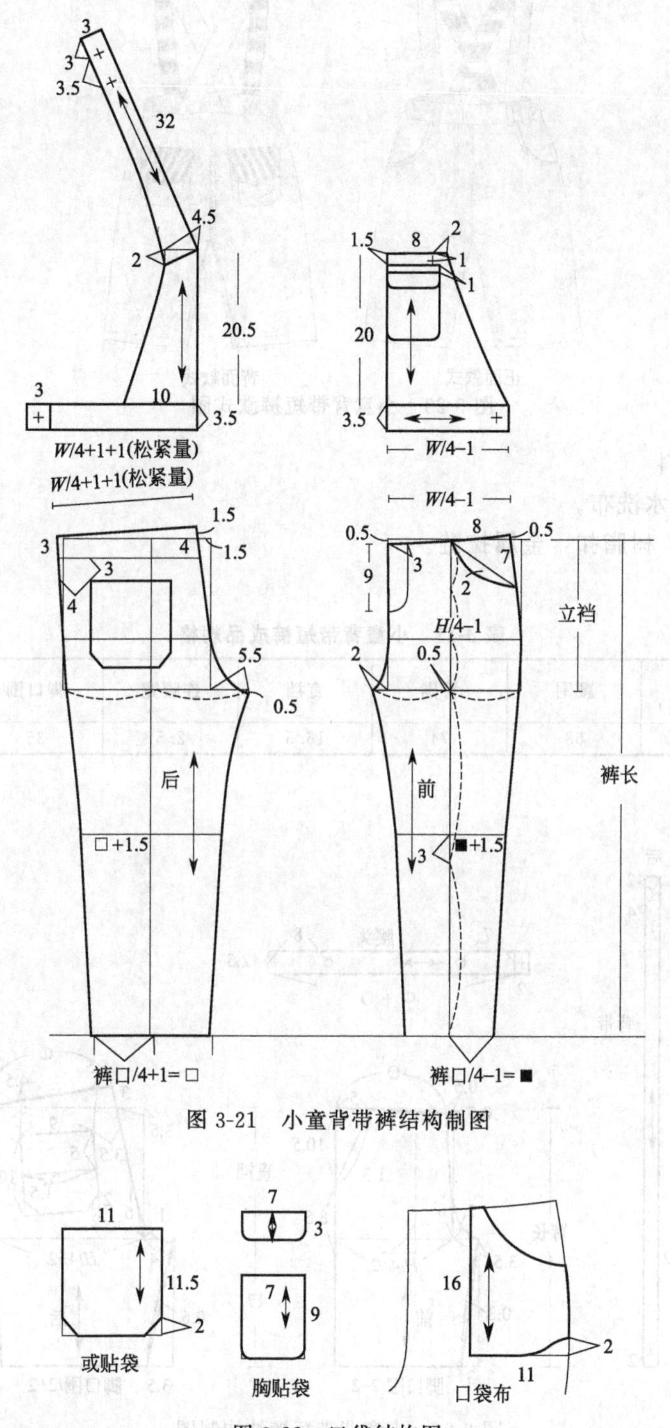

图 3-21 小童背带裤结构制图

图 3-22 口袋结构图

68. 小童背带短裤

（1）款式说明

本款背带裤腰部采用松紧带，使裤腰更合身，便于儿童活动，后片采用贴袋设计，更具装饰性。

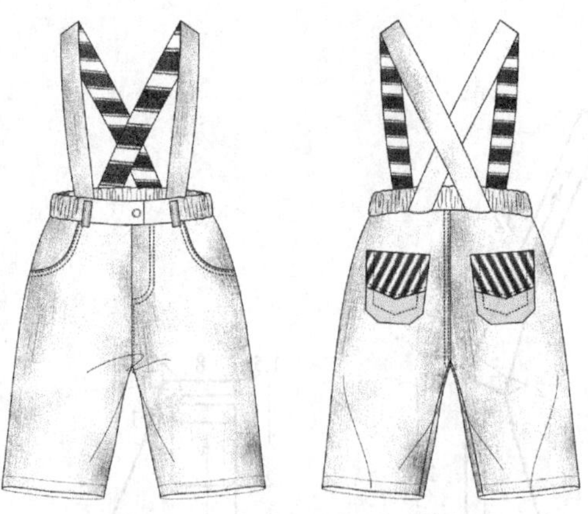

图 3-23 小童背带短裤款式图

（2）面料、辅料

面料：100%棉水洗布。

辅料：松紧带，树脂扣，金属拉链。

（3）成衣规格

表 3-11 小童背带短裤成品规格

部位/规格	裤长（不含腰头）	腰围	臀围	直裆	连腰宽	脚口围	适合年龄
100/50	33.5	68	74	16.5	2.5	36	3～4岁

（4）结构制图

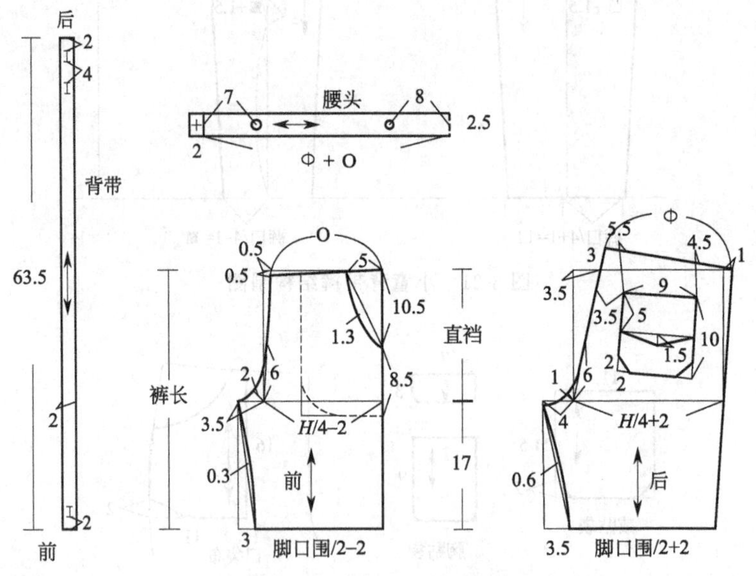

图 3-24 小童背带短裤结构制图

69. 小童休闲中裤

（1）款式说明

本款休闲中裤面料轻薄柔软，采用育克分割设计。裤脚可以翻折，将撞色的贴边折到外面，起到较好的装饰效果。

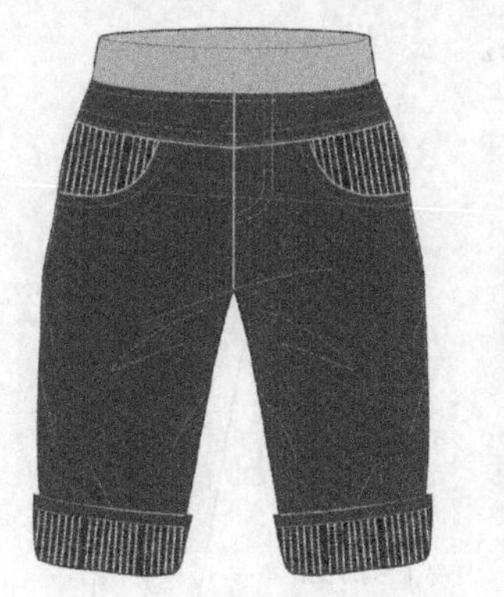

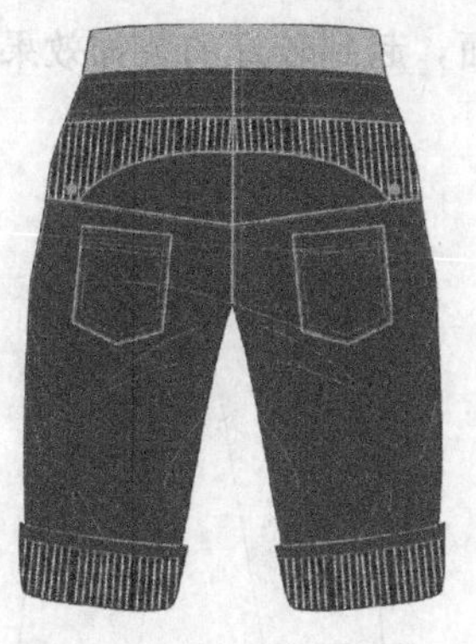

图 3-25　小童休闲中裤款式图

（2）面料、辅料

面料：全棉薄斜纹布，全棉条纹布。

辅料：针织平纹布，松紧带。

（3）成衣规格

表 3-12　小童休闲中裤成衣规格

部位 规格	腰围 W	臀围 H	裤长	立裆	裤口	适合年龄
110/50	42	68	48	21	26	5 岁

（4）结构制图

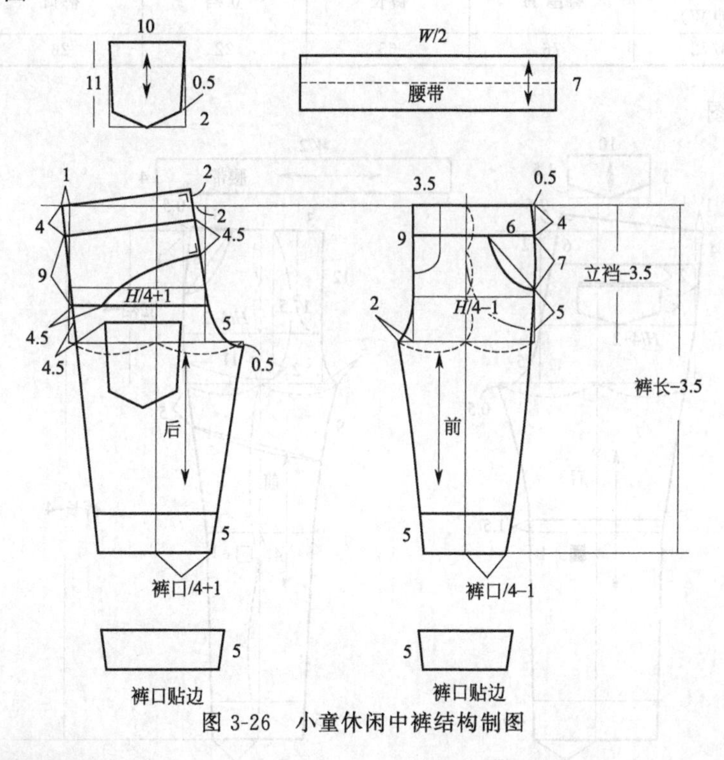

图 3-26　小童休闲中裤结构制图

70. 小童休闲长裤

（1）款式说明

本款休闲长裤采用育克分割设计，后袋为不对称设计，袋口处套结加固。裤脚可以翻折，将撞色的贴边折到外面，起到较好的装饰效果。

图 3-27 小童休闲长裤款式图

（2）面料、里料、辅料

面料：棉麻平纹布，裤口折边用棉麻格子布。

里料：腰里用平纹棉布，口袋布用涤棉布。

辅料：铜制铆钉，铜制冲压扣，松紧带。

（3）成衣规格

表 3-13 小童休闲长裤成衣规格

部位 规格	腰围（放松 W'/拉伸 W）	臀围 H	裤长	立裆	裤口	适合年龄
116/54	48/72	76	65	22	26	5～6 岁

（4）结构制图

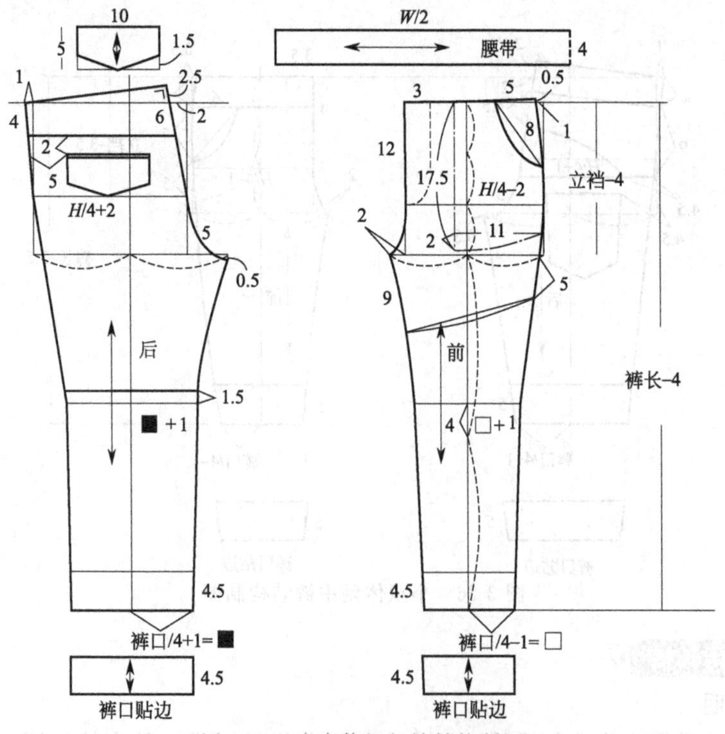

图 3-28 小童休闲长裤结构制图

71. 小童工装裤

(1) 款式说明

工装裤是男童装的常见款式，通常有分割、省道、大贴袋、双明线等设计。本款工装裤为连腰头结构，腰带内穿入带扣眼的可调节松紧带，可以随孩子腰围变化而调整。

图 3-29 小童工装裤款式图

(2) 面料、里料、辅料

面料：全棉斜纹布。

里料：腰里和袋盖为迷彩平纹布，口袋布为涤棉平纹布。

辅料：铜制拉链，铜制裤钩，2cm 带扣眼松紧带，塑料纽扣，魔术贴。

(3) 成衣规格

表 3-14 小童工装裤成衣规格

部位 规格	腰围 W	臀围 H	裤长	立裆	裤口	适合年龄
110/50	56	72	66	20.5	32	5 岁

(4) 结构制图

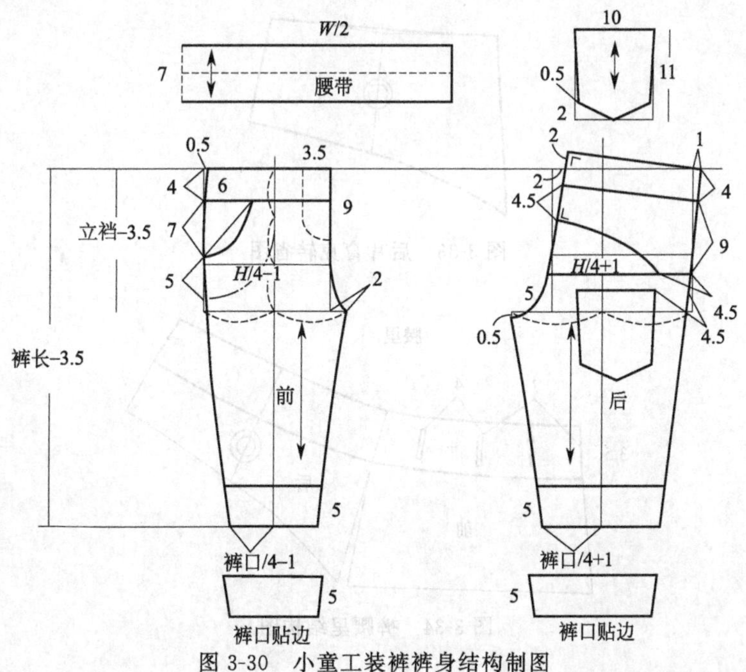

图 3-30 小童工装裤裤身结构制图

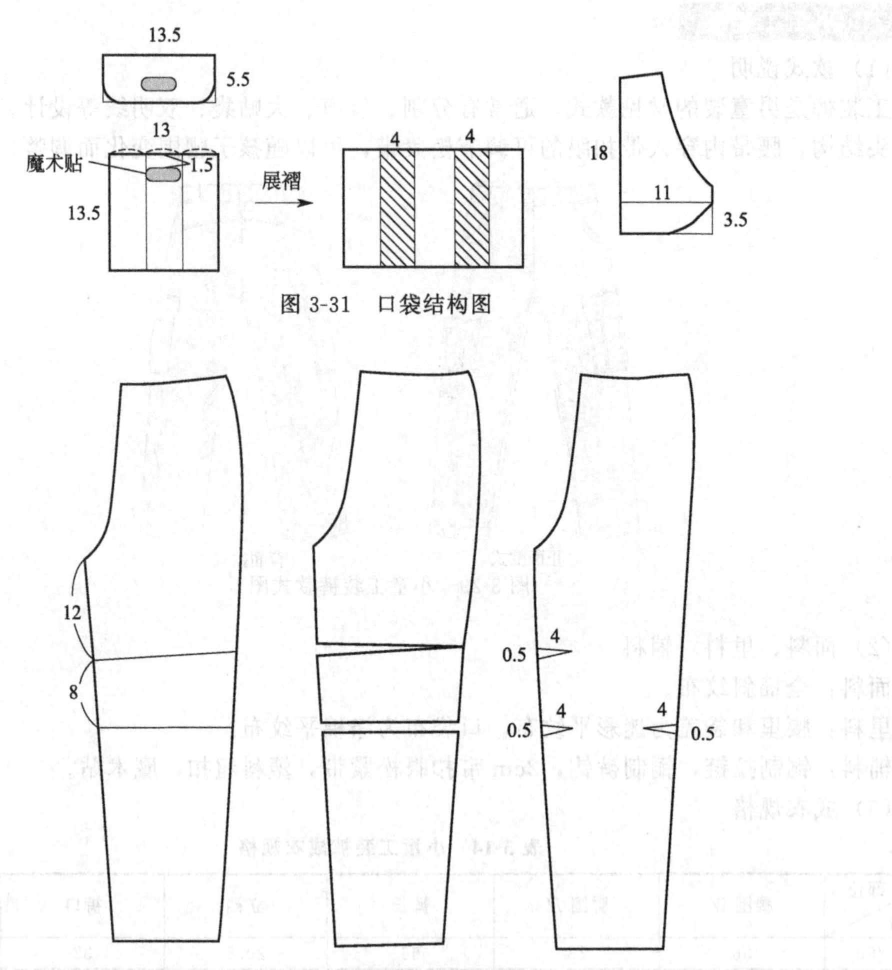

图 3-31　口袋结构图

图 3-32　裤腿省道结构图

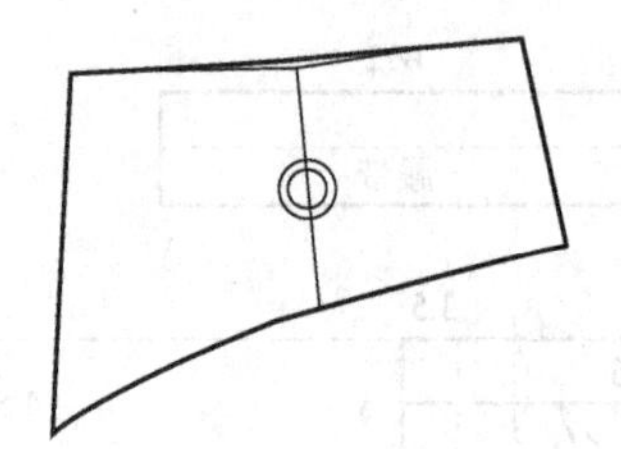

图 3-33　后片育克转省图

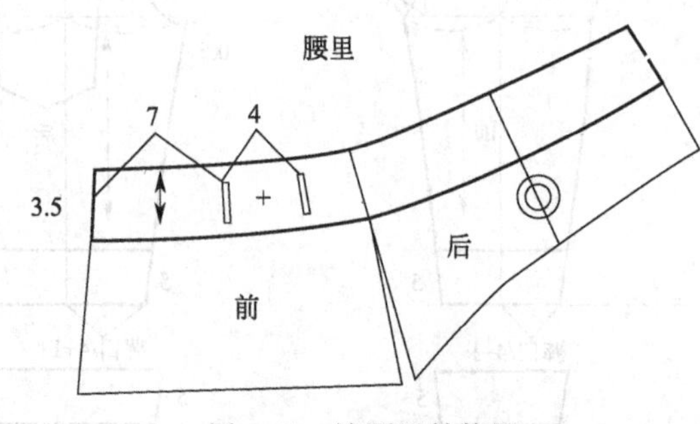

图 3-34　裤腰里结构图

（5）细节工艺

裤襻及裤腰工艺。

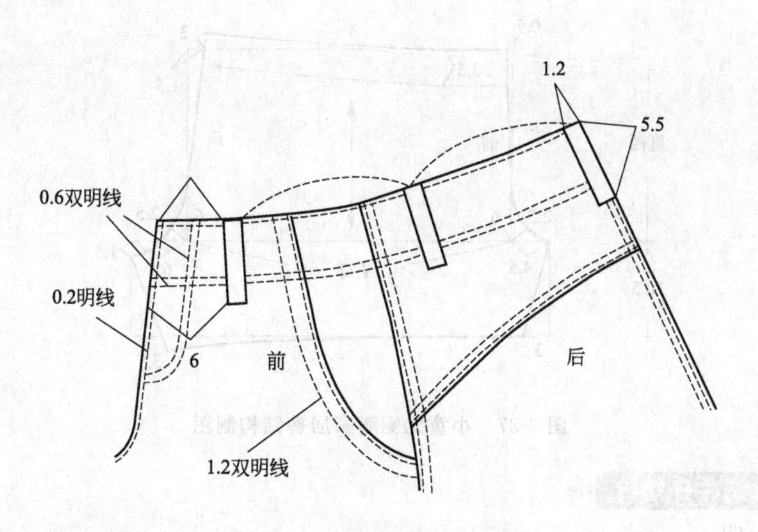

图 3-35　裤襻及裤腰工艺

72. 小童无侧缝家居裤

（1）款式说明

本款家居裤采用纯棉面料，柔软舒适，腰部采用松紧带，便于儿童穿脱。

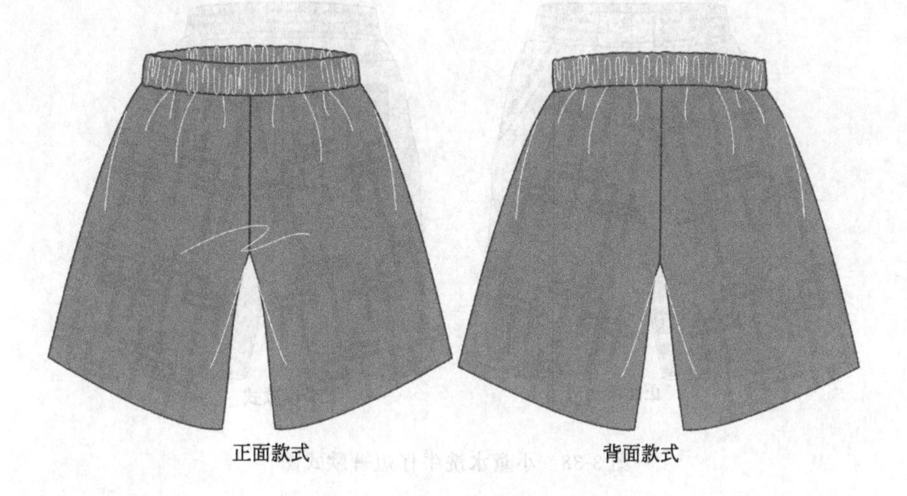

图 3-36　小童无侧缝家居裤款式图

（2）面料、辅料

面料：100％棉。

辅料：松紧带。

（3）成衣规格

表 3-15　小童无侧缝家居裤成品规格

部位 规格	裤长(含腰头)	腰围(拉伸/放松)	臀围	直裆	适合年龄
100/50	32	70/50	74	21.5	3～4岁

（4）结构制图

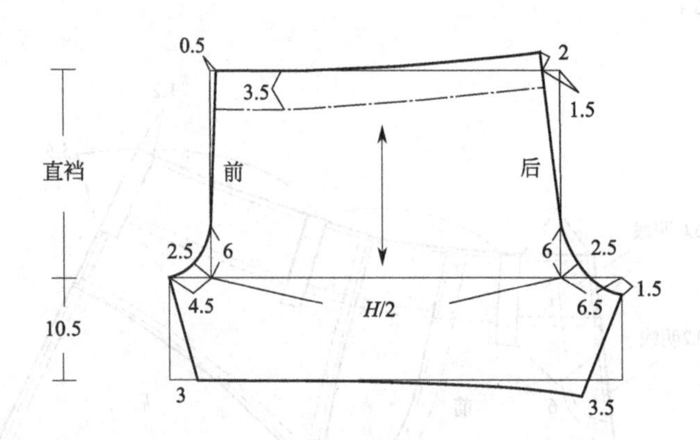

图 3-37 小童无侧缝家居裤结构制图

73. 小童水洗牛仔短裤

（1）款式说明

斜纹布是裤子的常见面料，结实耐用，经过水洗处理后，柔软舒适。本款短裤带有工装裤风格，膝盖处增加省道处理。裤腰采用斜纹布与针织罗纹面料拼接，袋口有撞色镶拼，裤口内侧设计有撞色贴边帆布，向外翻折时具有较好的装饰效果。

图 3-38 小童水洗牛仔短裤款式图

（2）面料、口袋里布、辅料

面料：全棉水洗布。

口袋里布：薄料涤棉平纹布。

辅料：树脂纽扣、罗纹腰带、松紧带。

（3）成衣规格

表 3-16 小童水洗牛仔短裤成衣规格

部位 规格	腰围（放松 W'/拉伸 W）	臀围 H	裤长	立裆	裤口	适合年龄
120/56	52/72	76	46	20	30	6～7岁

（4）结构制图

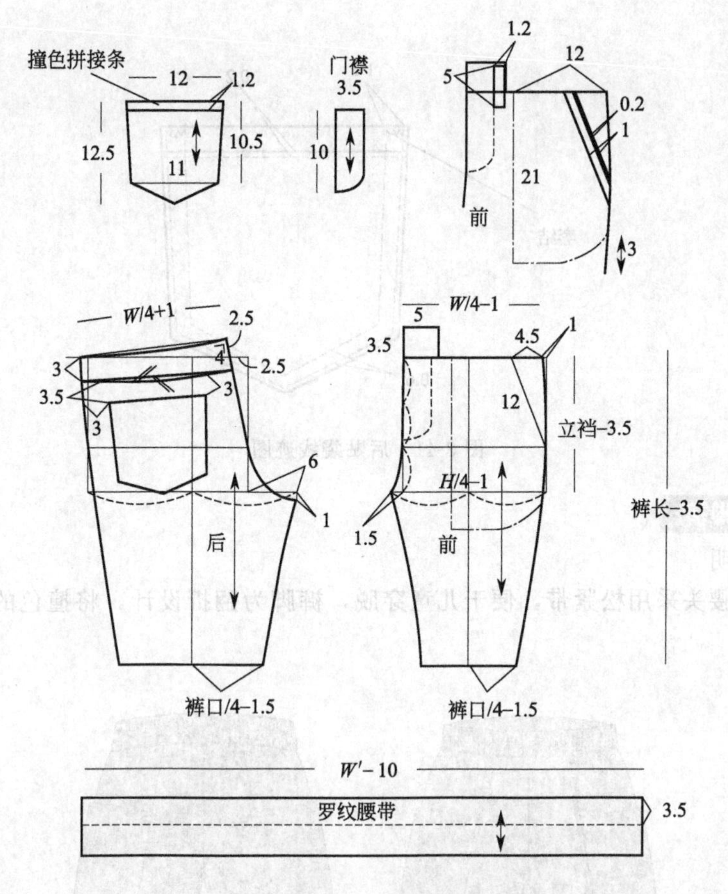

图 3-39　小童水洗牛仔短裤结构制图

（5）裤腿省道结构图

在前片裤腿内侧缝上，进行纸样切展，然后增加 2 条 0.5cm 的省道设计。具体步骤如图 3-40 所示。

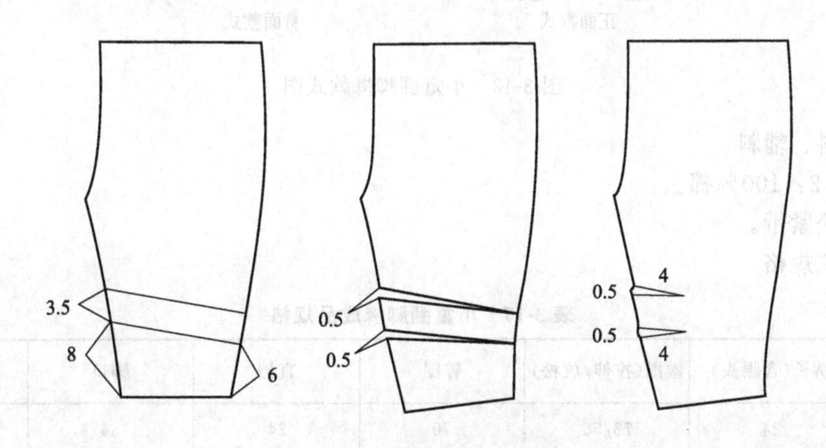

图 3-40　裤腿省道结构制图

(6) 细节工艺

后贴袋明线。

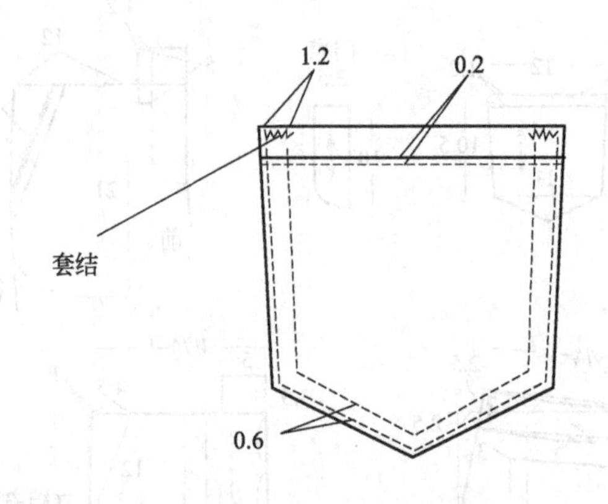

图 3-41　后贴袋线迹图

74. 小童翻脚裤

(1) 款式说明

本款裤装，腰头采用松紧带，便于儿童穿脱，裤脚为翻折设计，将撞色的贴边折到外面，更添装饰性。

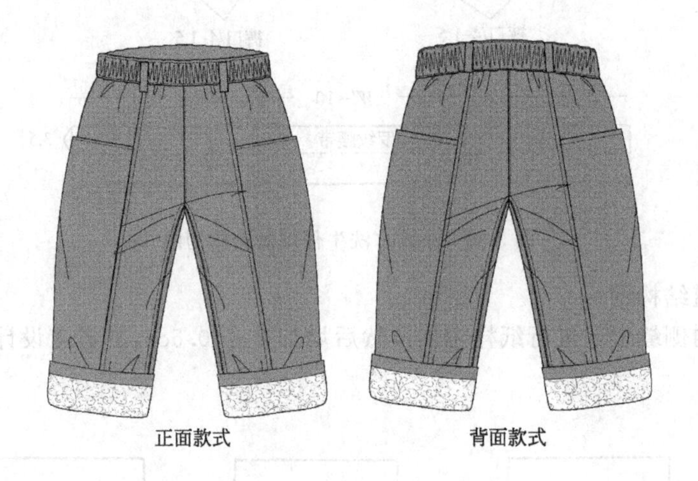

图 3-42　小童翻脚裤款式图

(2) 面料、辅料

面料 1、2：100%棉。

辅料：松紧带。

(3) 成衣规格

表 3-17　小童翻脚裤成品规格

部位 规格	裤长(含腰头)	腰围(拉伸/放松)	臀围	直裆	脚口	适合年龄
120/56	34	73/56	76	24	34	6岁

（4）结构制图

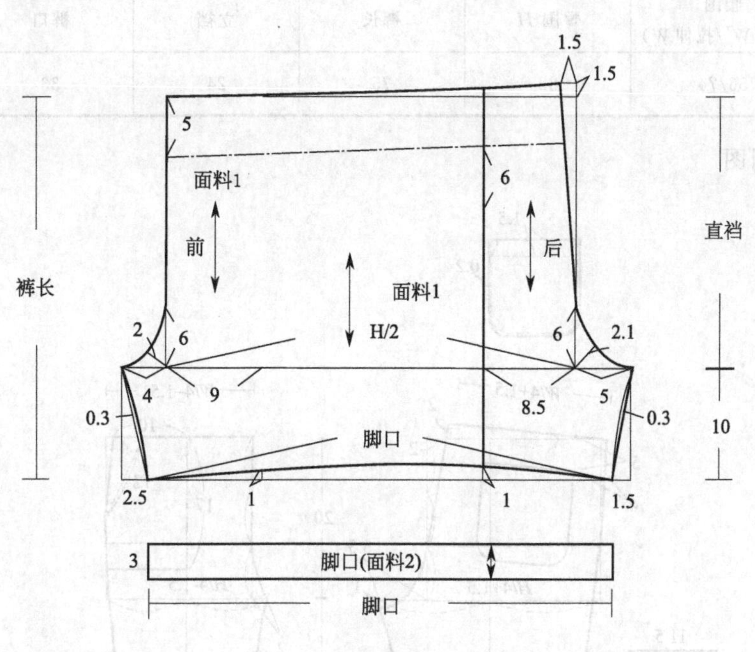

图 3-43 小童翻脚裤结构制图

75. 小童针织运动长裤

（1）款式说明

针织运动长裤是男童休闲裤主要款式，针织面料吸汗透气，舒适有弹性。本款针织运动长裤为直筒造型，脚口微喇叭形。

图 3-44 小童针织运动长裤款式图

（2）面料、裤腰料

面料：加厚针织单面拉毛布。

裤腰料：针织罗纹布。

（3）成衣规格

表 3-18 小童针织运动长裤成衣规格

部位 规格	腰围 （放松 W'/拉伸 W）	臀围 H	裤长	立裆	裤口	适合年龄
130/59	56/74	82	75	24	33	8 岁

（4）结构制图

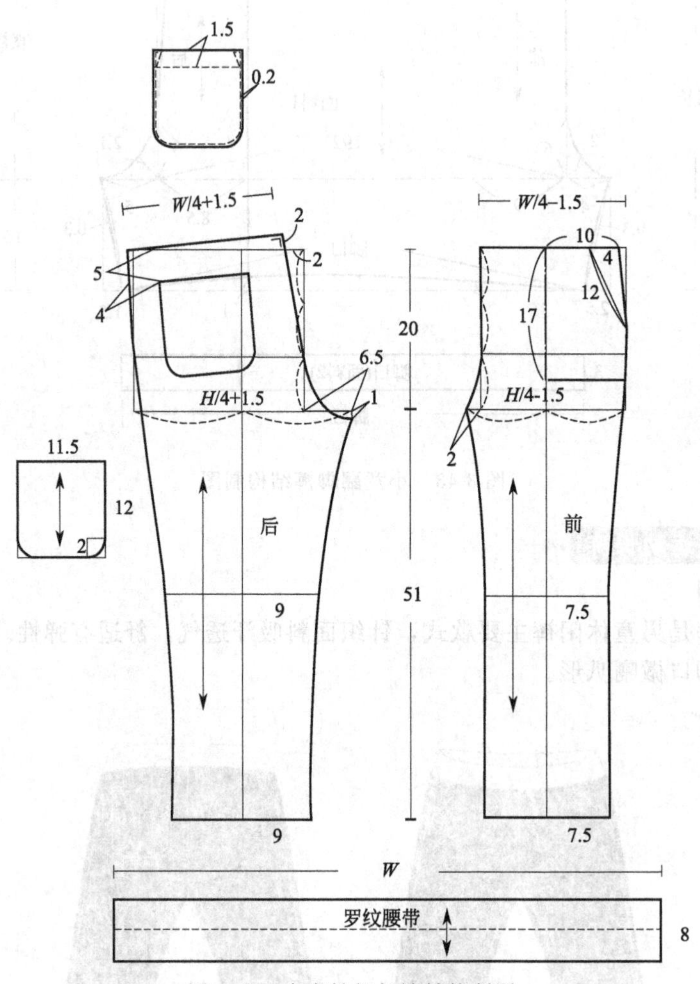

图 3-45 小童针织长裤结构制图

（5）细节工艺

后贴袋及侧口袋明线。

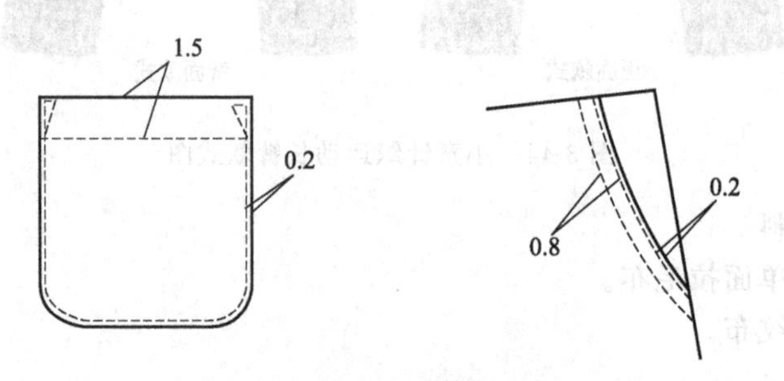

图 3-46 后贴袋及侧袋口线迹图

76. 小童直筒裤

（1）款式说明

本款直筒裤裤腰为松紧带，方便儿童穿脱，前片采用贴袋设计。

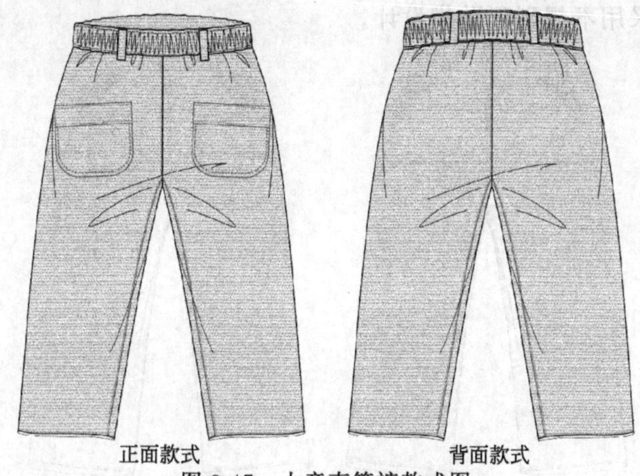

图 3-47　小童直筒裤款式图

（2）面料、辅料

面料：100%棉。

辅料：松紧带。

（3）成衣规格

表 3-19　小童直筒裤成品规格

部位 规格	裤长 （含腰头）	腰围 （拉伸/放松）	臀围	直裆	连腰宽	脚口围	适合年龄
100/50	48	70/50	72	20	3	34	3～4 岁

（4）结构制图

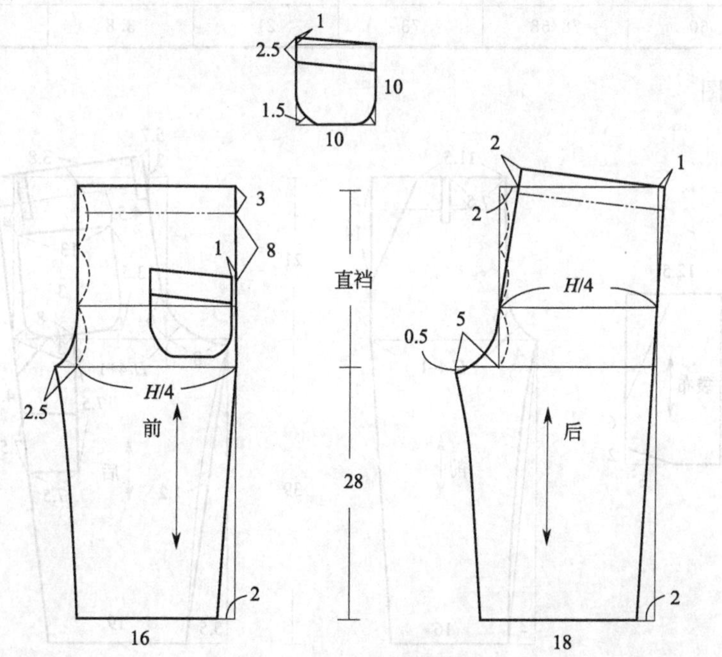

图 3-48　小童直筒裤结构制图

77. 多袋休闲裤

(1) 款式说明

本款休闲裤腰头采用松紧带设计，可使裤腰更合身。前片采用斜插袋设计，后臀采用圆角双贴袋，大腿右侧处采用不规则形贴袋设计。

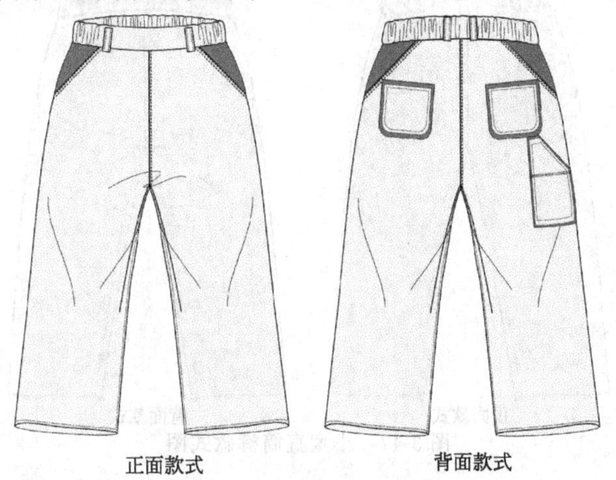

图 3-49 多袋休闲裤款式图

(2) 面料、口袋布、辅料

面料 1、2：100％棉。

口袋布：100％棉。

辅料：松紧带。

(3) 成衣规格

表 3-20 多袋休闲裤成品规格

部位 规格	裤长 （含腰头）	腰围（拉伸/放松）	臀围	直裆	连腰宽	脚口围	适合年龄
130/59	60	78/58	78	21	3.8	35	7～8 岁

(4) 结构制图

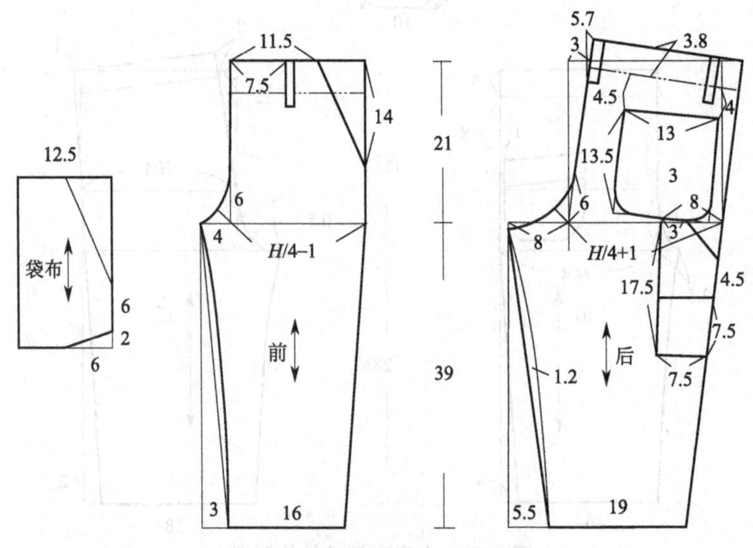

图 3-50 多袋休闲裤结构制图

78. 大童家居长裤

（1）款式说明

本款家居裤采用纯棉面料，柔软舒适，裤腰采用松紧带，便于穿脱。

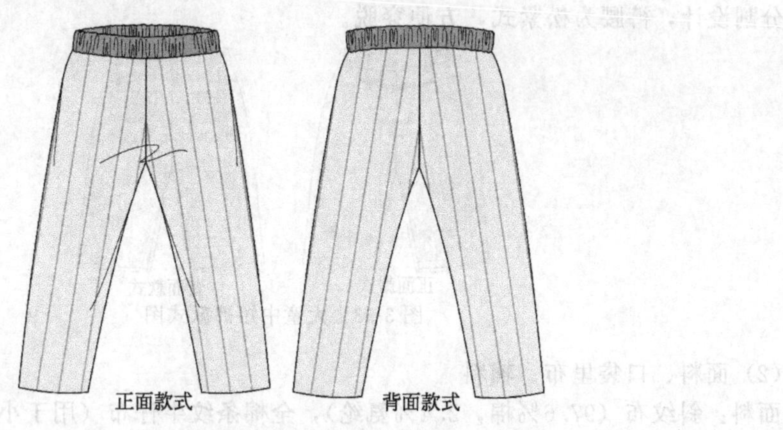

图 3-51　大童家居长裤款式图

（2）面料、辅料

面料：纯棉。

辅料：松紧带。

（3）成衣规格

表 3-21　大童家居长裤成品规格

部位 规格	裤长 （含腰头）	腰围 （拉伸/放松）	臀围	直裆 （含腰头）	腰头宽	脚口围	适合年龄
130/59	75	81/58	89	25	2.5	33	7～8 岁

（4）结构制图

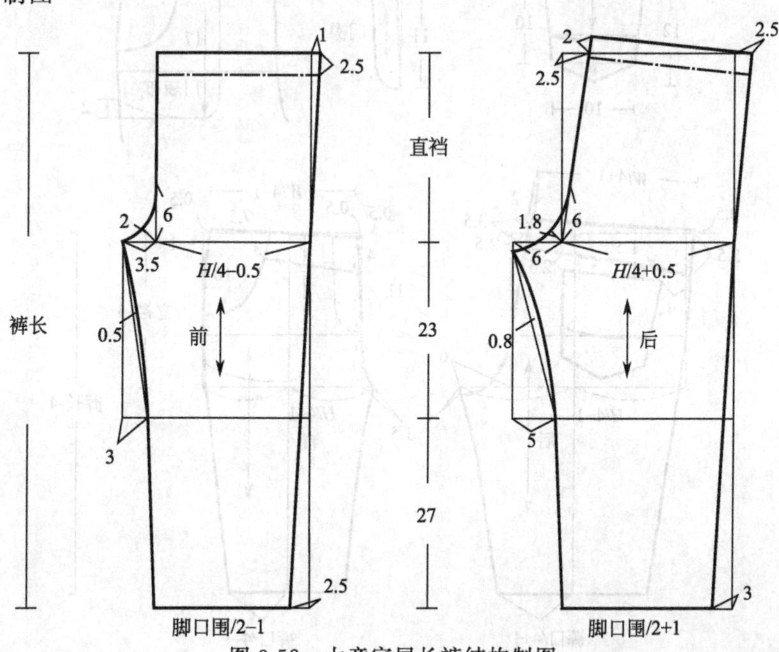

图 3-52　大童家居长裤结构制图

79. 大童中短裤

(1) 款式说明

初夏适合裤长适中的中裤。本款中裤采用经典卡其色，口袋配以同色条纹拼接，前后均有育克分割设计，裤腰为松紧式，方便穿脱。

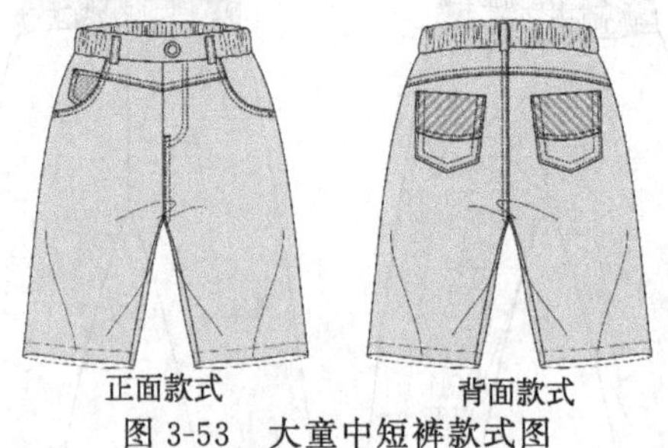

图 3-53 大童中短裤款式图

(2) 面料、口袋里布、辅料

面料：斜纹布（97.6%棉，2.4%氨纶），全棉条纹牛仔布（用于小贴袋），全裤水洗处理。

口袋里布：涤棉平纹。

辅料：铜质铆钉，冲压扣，松紧带。

(3) 成衣规格

表 3-22 大童中短裤成衣规格

部位 规格	腰围(放松 W'/拉伸 W)	臀围	裤长	立裆	裤口	适合年龄
140/62	56/76	80	46	22	32	10～11岁

(4) 结构制图

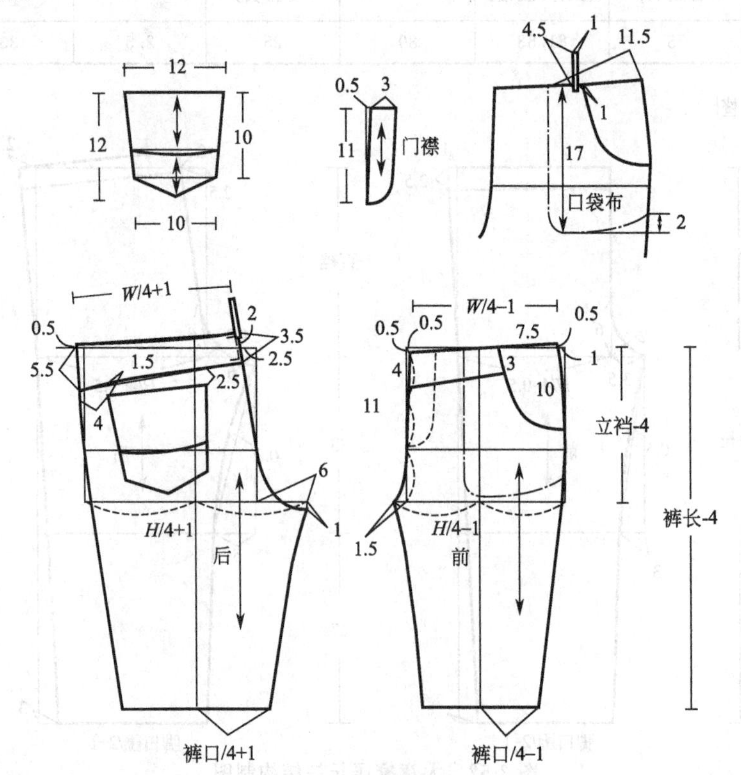

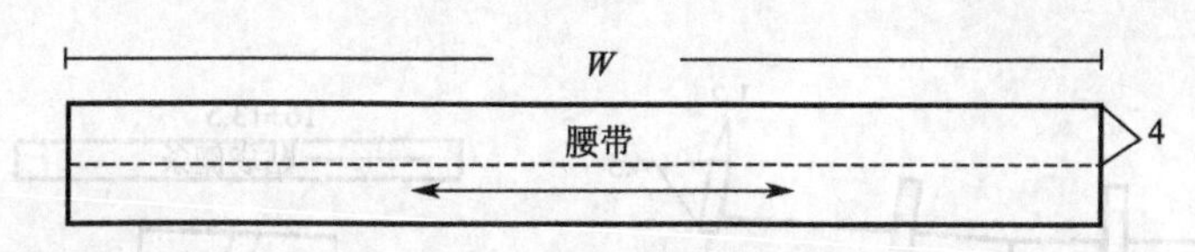

图 3-54 大童中短裤结构制图

(5) 细节工艺

后贴袋明线。

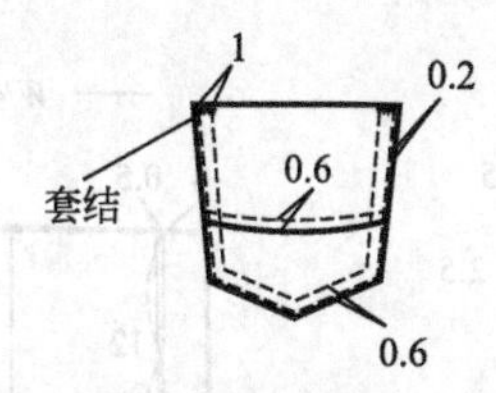

图 3-55 后贴袋线迹图

80. 大童棉麻九分裤

(1) 款式说明

棉麻面料是休闲装的主要材料，厚薄适中，质朴舒适。本款九分裤在前面裤腿处设计有一条弧形分割线，斜插袋采用箱式立体贴袋工艺，使裤子具有层次感。裤腿外侧缝及门襟处采用双明线缉缝。

图 3-56 大童棉麻九分裤款式图

(2) 面料、辅料

面料：棉麻布。

辅料：3cm 宽松紧带。

(3) 成衣规格

表 3-23 大童棉麻九分裤成衣规格

部位 规格	腰围(放松 W' /拉伸 W)	臀围	裤长	立裆	裤口	适合年龄
140/62	56/80	88	55	24	34	10～11岁

(4) 结构制图

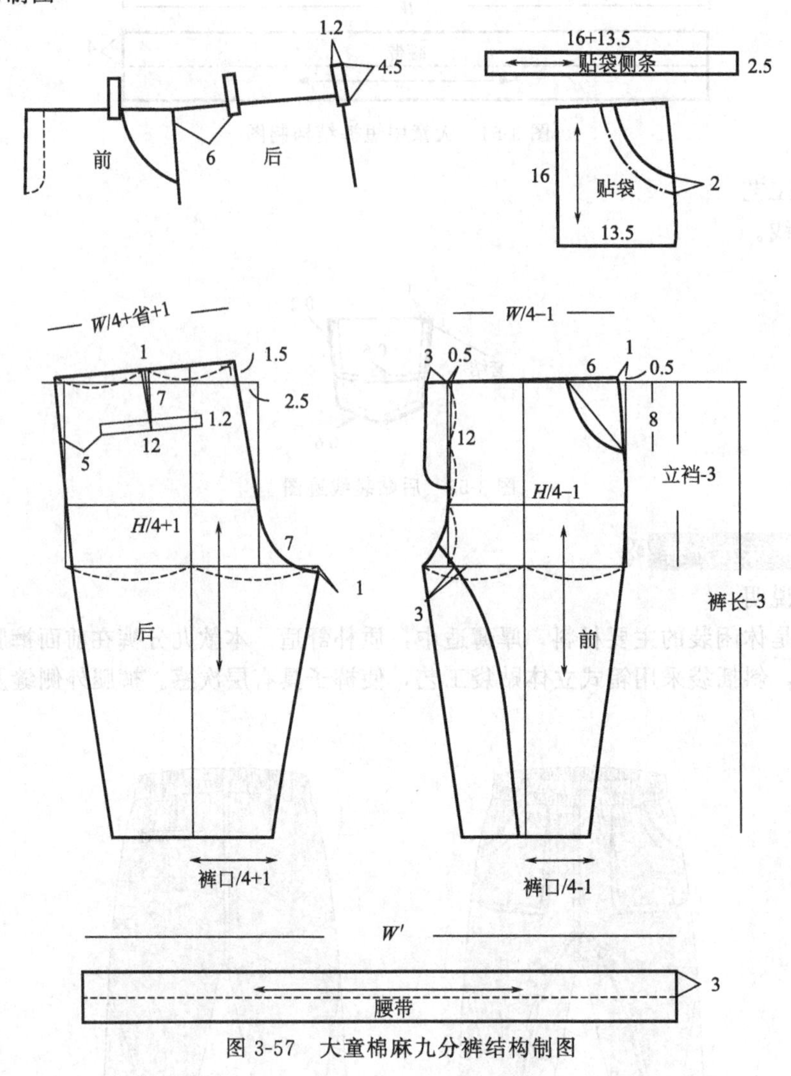

图 3-57 大童棉麻九分裤结构制图

(5) 细节工艺

前片斜插袋为箱式贴袋工艺。

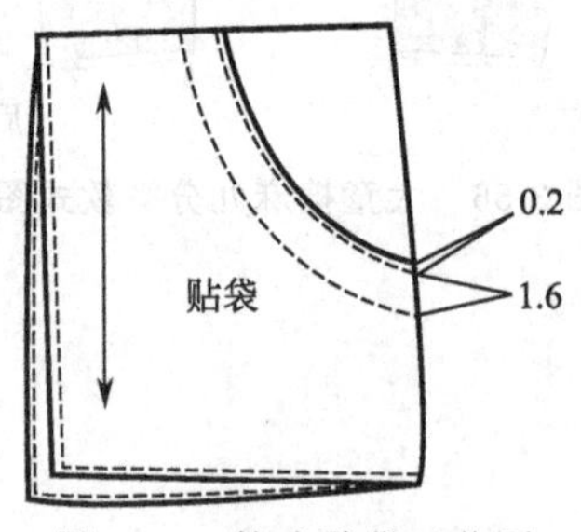

图 3-58 箱式贴袋工艺图

81. 大童高腰长裤

(1) 款式说明

本款牛仔长裤采用高腰设计，面料厚度适中，结实耐用。后片有育克分割设计，后贴袋采用两种色彩拼接设计。前门襟为假门襟形式，腰头采用针织罗纹，方便穿脱。

图 3-59　大童高腰长裤款式图

(2) 面料、口袋里布、辅料

面料：全棉斜纹牛仔布。

口袋里布：涤棉平纹。

辅料：针织罗纹。

(3) 成衣规格

表 3-24　大童高腰长裤成衣规格

部位 规格	裤长	臀围 H	腰围 W (放松/拉伸)	立裆	裤口	适合年龄
130/56	73	72	53/70	16	26.5	7～8 岁

(4) 结构制图

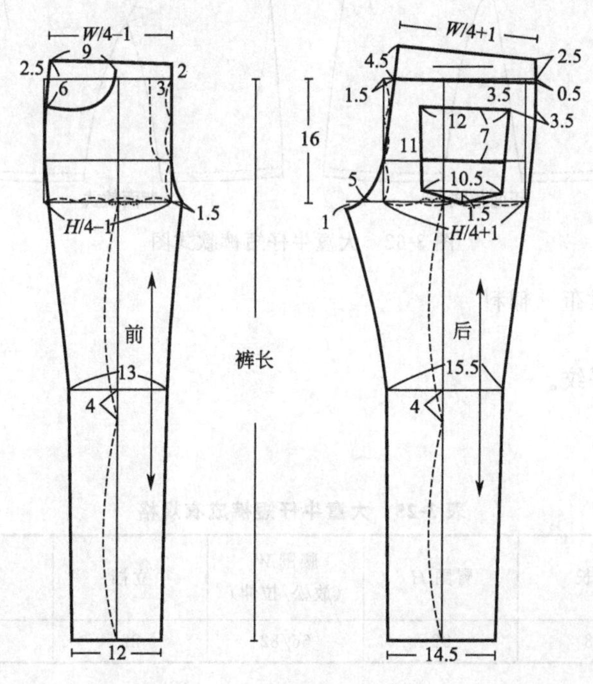

图 3-60

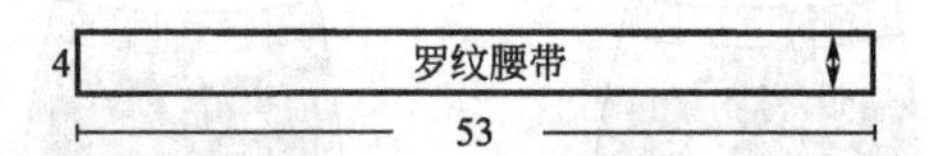

图 3-60 大童高腰长裤结构制图

（5）细节工艺

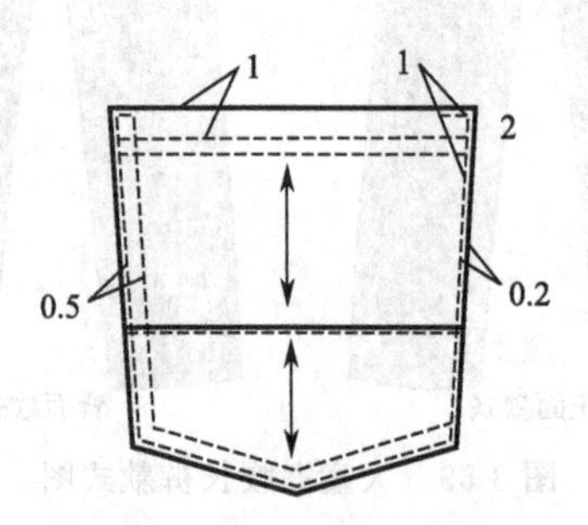

图 3-61 后贴袋缉明线设计

82. 大童牛仔短裤

（1）款式说明

本款牛仔短裤造型宽松，采用两节不同色彩腰头设计，其中一节腰头采用松紧带缝制，便于穿脱。裤前片采用插袋设计，后片采用贴袋和育克设计。

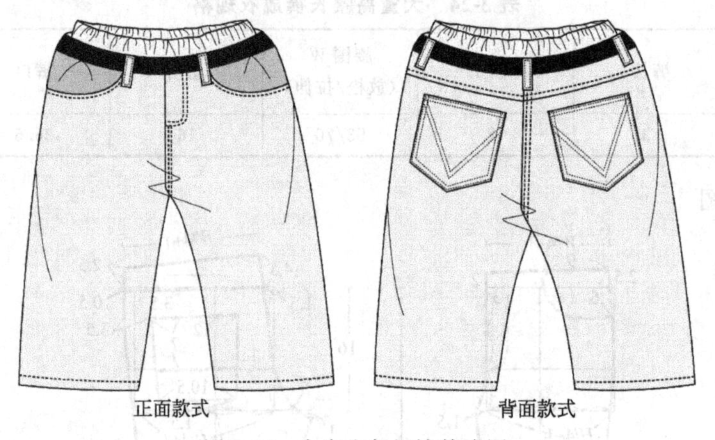

图 3-62 大童牛仔短裤款式图

（2）面料、口袋里布、辅料

面料：100%棉。

口袋里布：涤棉平纹。

辅料：松紧带。

（3）成衣规格

表 3-25 大童牛仔短裤成衣规格

部位 规格	裤长	臀围 H	腰围 W （放松/拉伸）	立裆	裤口	适合年龄
160/66	48	92	66/82	22	44	12～13 岁

（4）结构制图

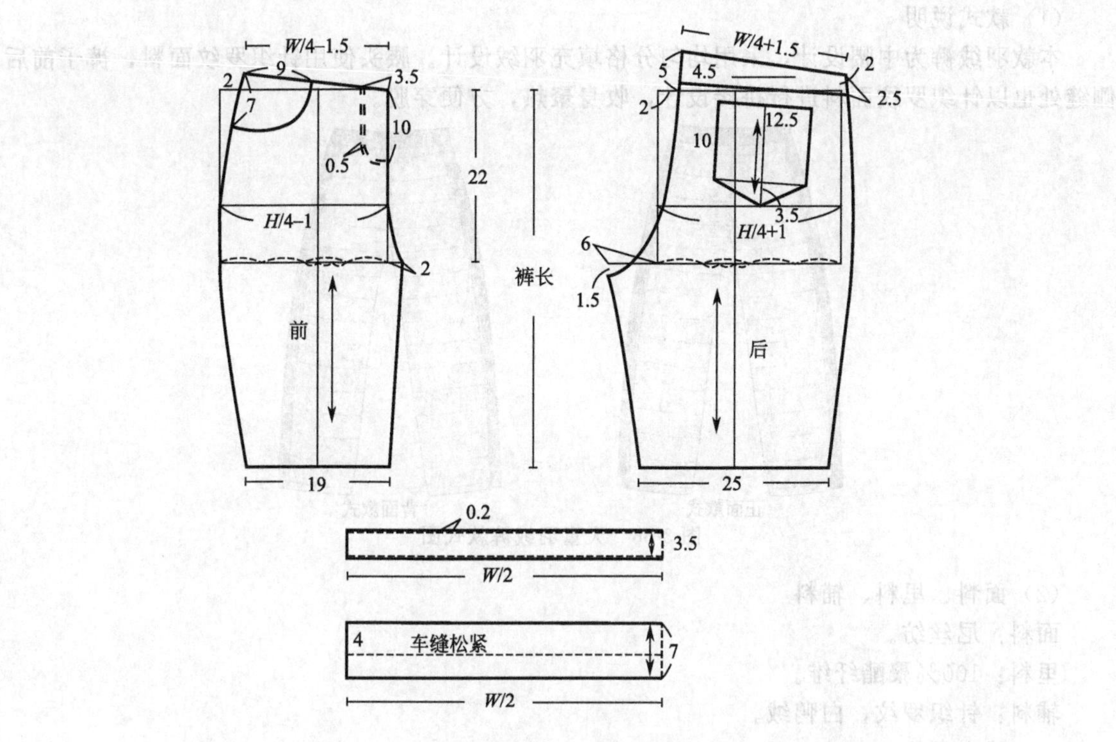

图 3-63　大童牛仔短裤结构制图

（5）细节工艺

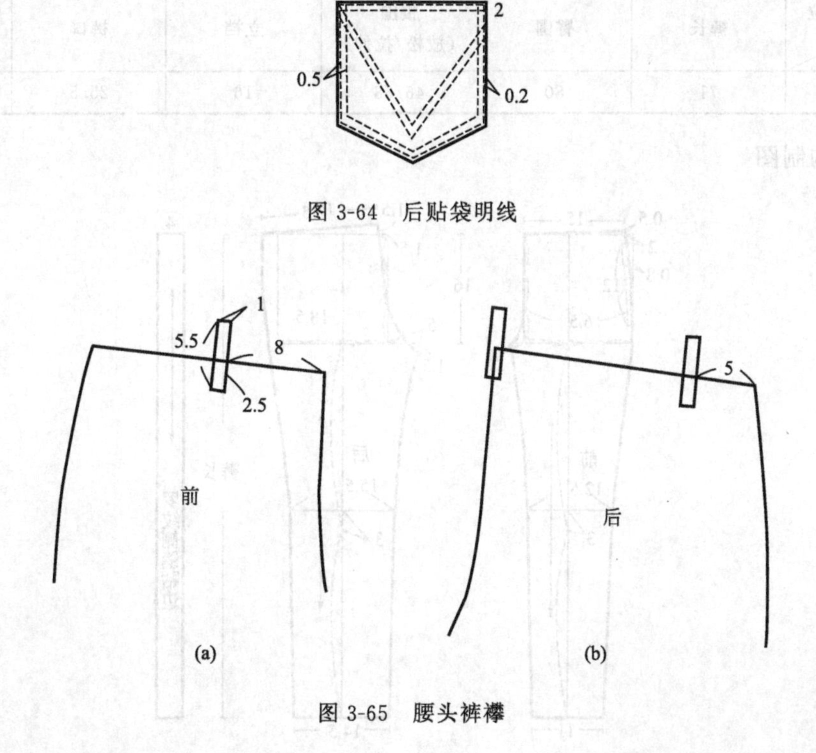

图 3-64　后贴袋明线

图 3-65　腰头裤襻

83. 大童羽绒裤

（1）款式说明

本款羽绒裤为中腰设计，采用均匀分格填充羽绒设计。腰头使用针织罗纹面料，裤子前后侧缝处也以针织罗纹面料进行拼接设计，收身聚热，方便穿脱。

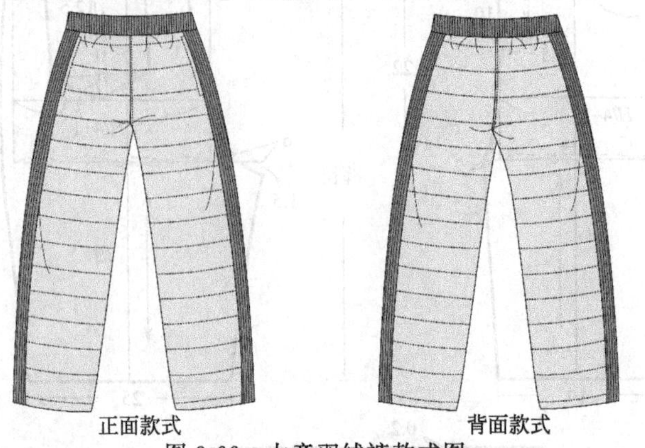

图 3-66　大童羽绒裤款式图

（2）面料、里料、辅料

面料：尼丝纺。

里料：100%聚酯纤维。

辅料：针织罗纹，白鸭绒。

（3）成衣规格

表 3-26　大童羽绒裤成衣规格

部位 / 规格	裤长	臀围	腰围（放松/拉伸）	立裆	裤口	适合年龄
130/64	71	80	46/68	16	25.5	7～8 岁

（4）结构制图

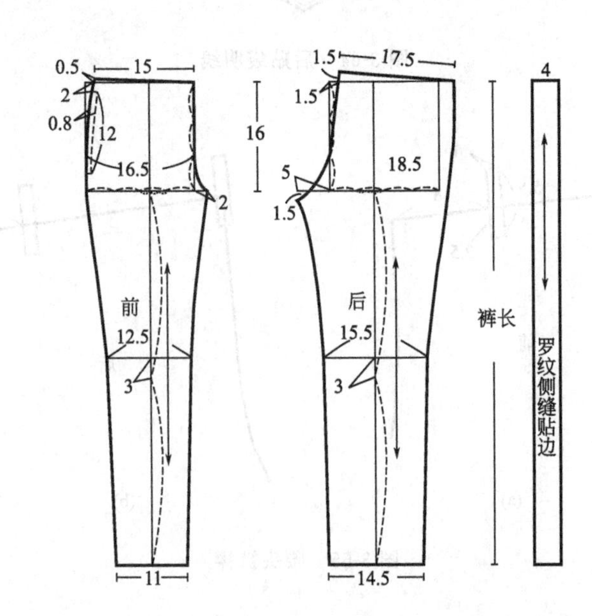

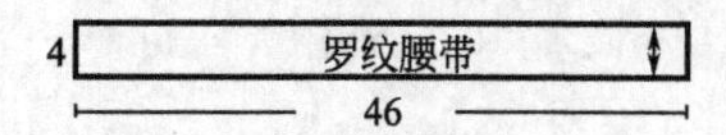

图 3-67　大童羽绒裤结构制图

(5) 细节工艺

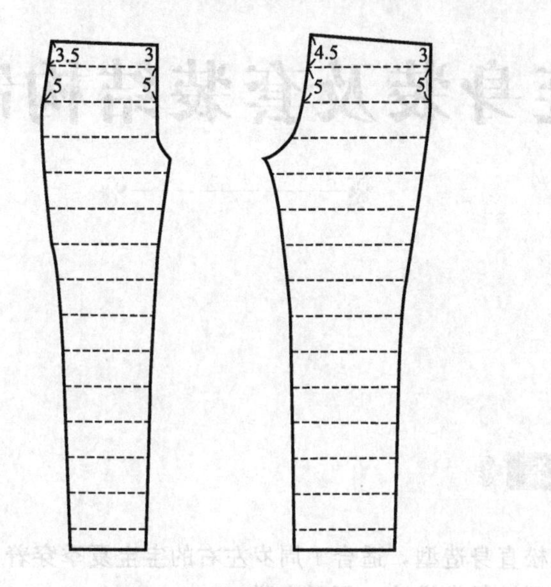

图 3-68　裤片绗缝设计

第四章

连身装及套装结构制图

84. 婴儿T恤套装

(1) 款式说明

本款套装采用宽松直身造型，适合1周岁左右的宝宝夏季穿着，领口用针织罗纹面料，左侧肩部开口，裤腰采用松紧带设计，便于穿脱。

图4-1 婴儿T恤套装款式图

(2) 面料、辅料

面料：针织汗布，针织罗纹布。

辅料：塑料纽扣，3.5cm宽松紧带。

(3) 成衣规格

表 4-1 婴儿 T 恤套装成衣规格

部位 规格	后衣长	肩宽	胸围	摆围	袖肥	袖口
73/44	31	23	54	56	20	19
部位 规格	**裤长**	**臀围**	**腰围**	**立裆**	**裤口**	**适合年龄**
73/44	23	50	40	15.5	29	12 个月

(4) 结构制图

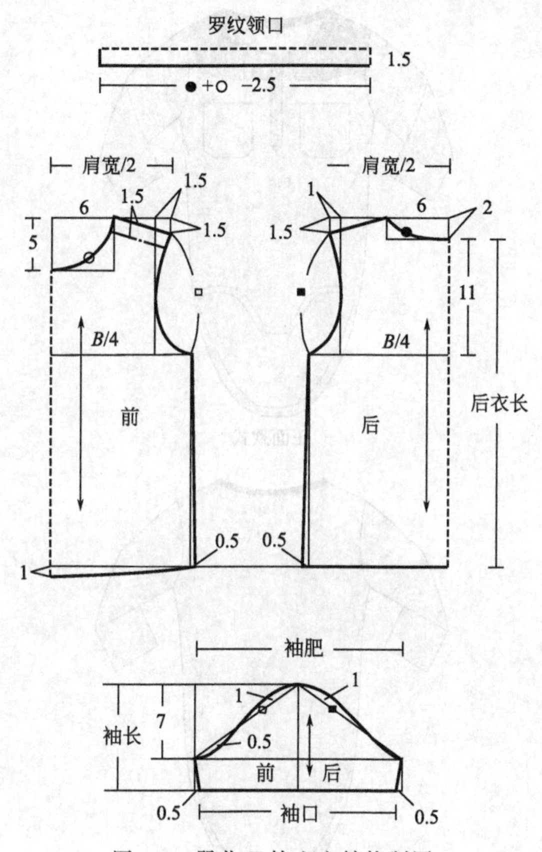

图 4-2 婴儿 T 恤上衣结构制图

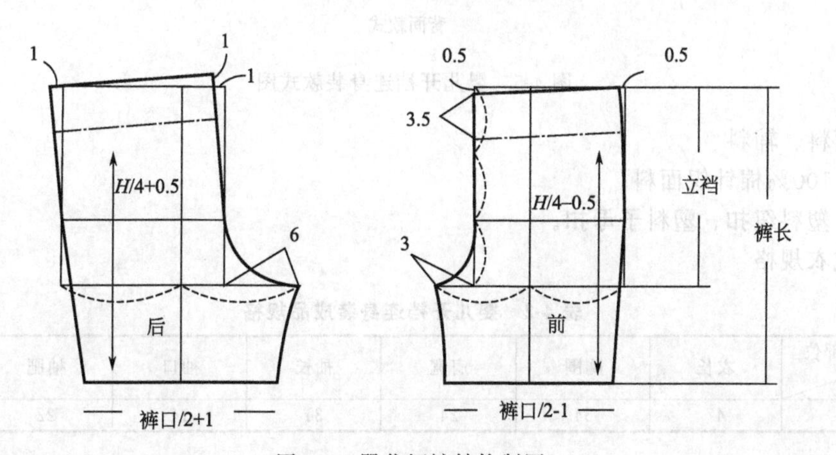

图 4-3 婴儿短裤结构制图

（5）细节工艺

婴儿的头大，为了穿脱方便，在左肩处开口，门里襟宽各为 1.5cm，两粒扣设计如图 4-4 所示。

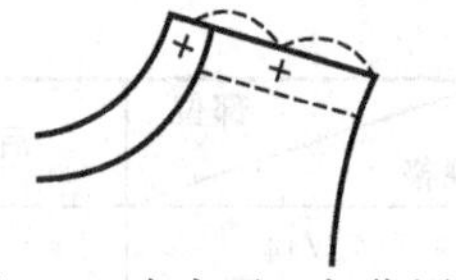

图 4-4 小肩开口扣位图

85. 婴儿开裆连身装

（1）款式说明

本款婴儿开裆连身装为圆领长袖套头式，领口开口。采用面料拼接设计，裆部采用三粒子母扣扣合，便于更换尿布。

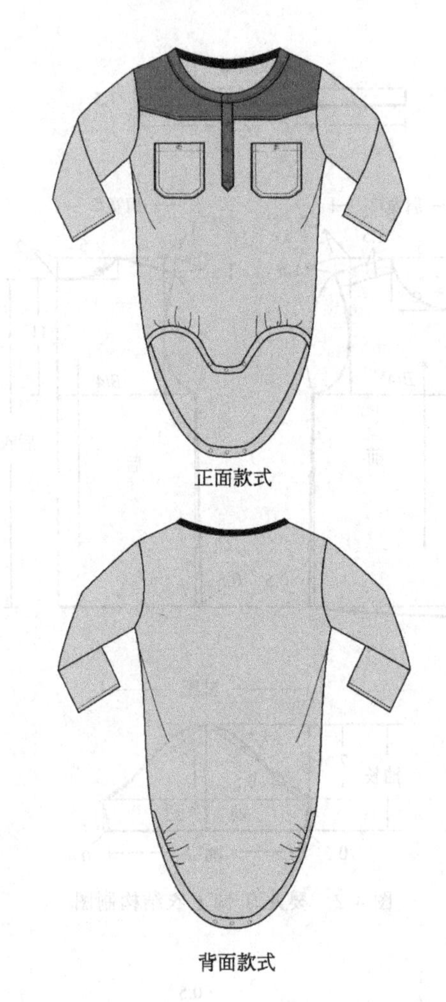

图 4-5 婴儿开裆连身装款式图

（2）面料、辅料

面料：100%棉针织面料。

辅料：塑料纽扣、塑料子母扣。

（3）成衣规格

表 4-2 婴儿开裆连身装成品规格

规格＼部位	衣长	胸围	肩宽	袖长	袖口	袖肥	适合年龄
90/52	47	54	24	31	14	22	12～18 月

（4）结构制图

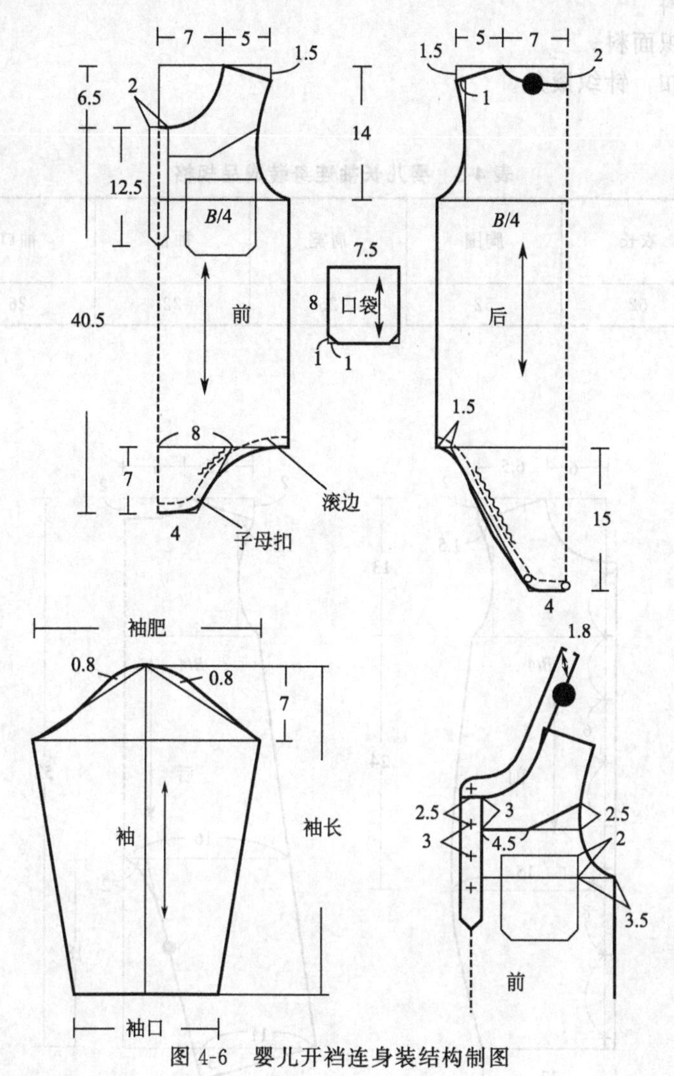

图 4-6　婴儿开裆连身装结构制图

86. 婴儿长袖连身装

（1）款式说明

本款婴儿长袖连身装，采用开襟设计，领口滚边。前身为直开襟，一直延伸至裤腿；后身为整片式，裆布与后身缝合，折转直至前身处，与衣身开襟用纽扣扣合。

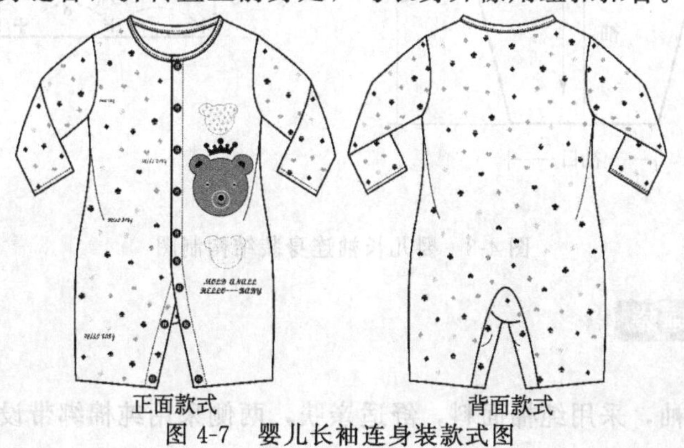

图 4-7　婴儿长袖连身装款式图

(2) 面料、辅料

面料：全面针织面料。

辅料：塑料纽扣，针织滚条。

(3) 成衣规格

表 4-3 婴儿长袖连身装成品规格

部位 规格	衣长	胸围	肩宽	袖长	袖口	适合年龄
66/48	52	52	25	22	26	6 个月

(4) 结构制图

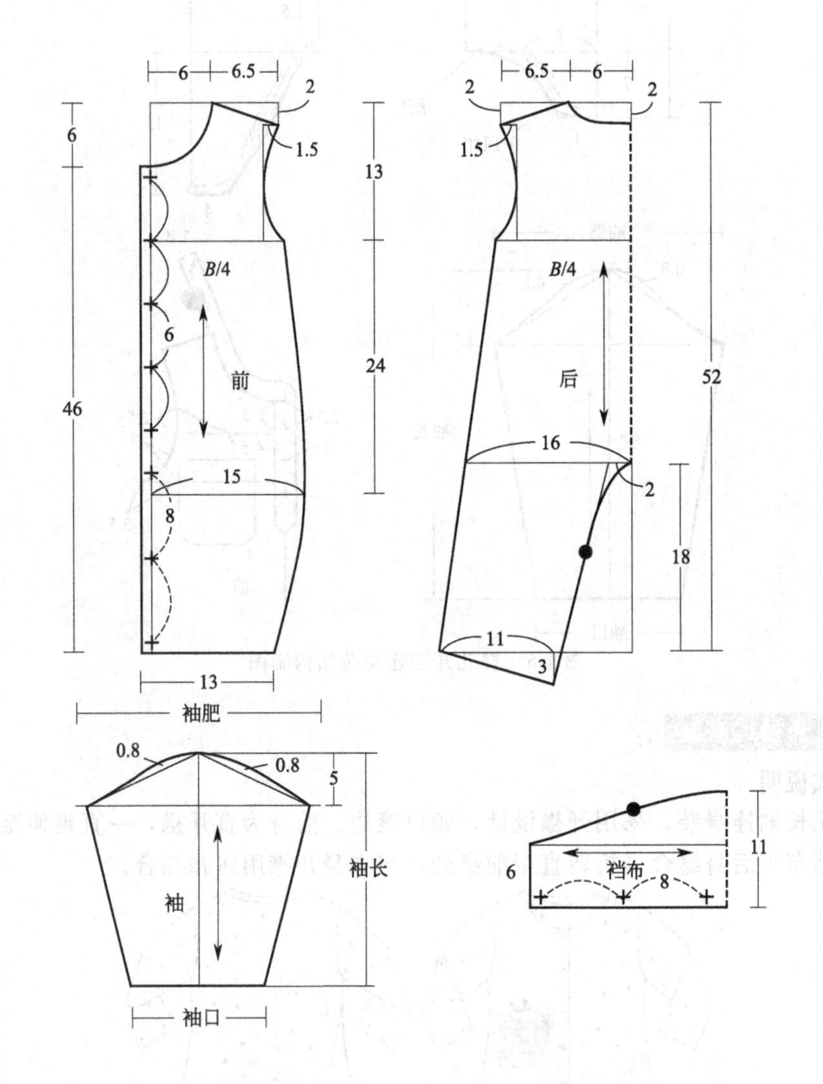

图 4-8 婴儿长袖连身装结构制图

87. 婴幼儿夏季睡袋

(1) 款式说明

本款睡袋无领无袖，采用纯棉面料，舒适亲肤，两侧采用纯棉绑带设计，适合夏季使用。

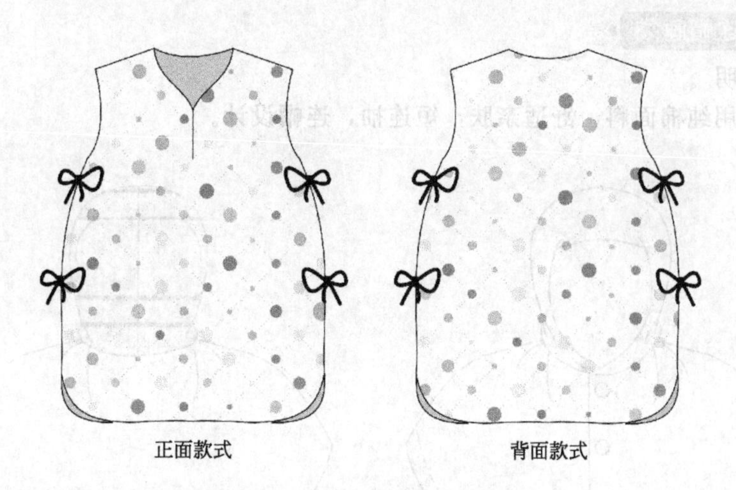

图 4-9　婴幼儿夏季睡袋款式图

(2) 面料

面料：100%棉。

(3) 成衣规格

表 4-4　婴幼儿夏季睡袋成品规格

规格 \ 部位	衣长	胸围	肩宽(含袖)	适合年龄
66/44	55	64	30	0～1岁

(4) 结构制图

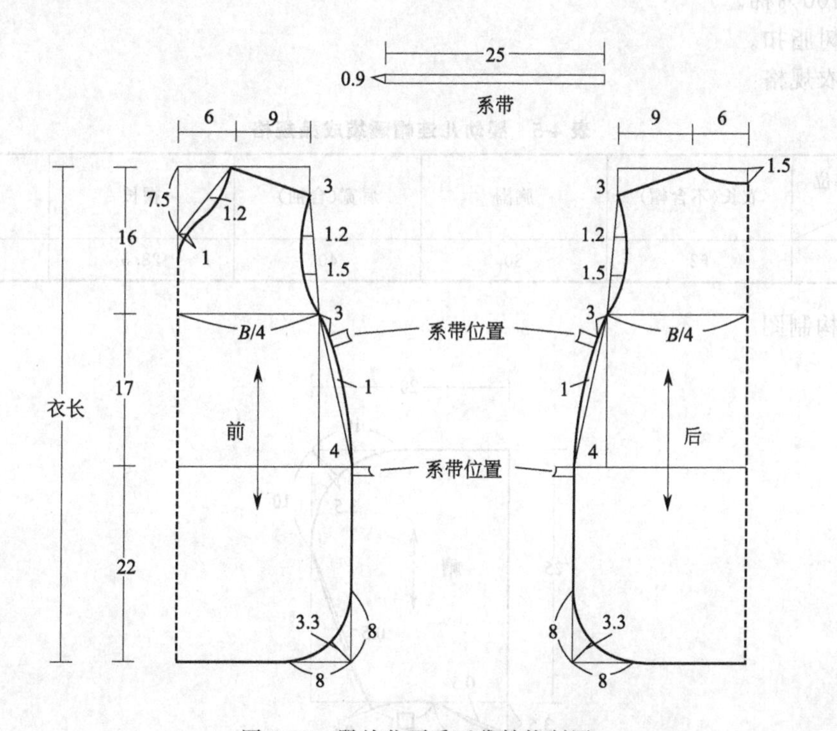

图 4-10　婴幼儿夏季睡袋结构制图

88. 婴幼儿连帽睡袋

（1）款式说明

本款睡袋采用纯棉面料，舒适亲肤，短连袖，连帽设计。

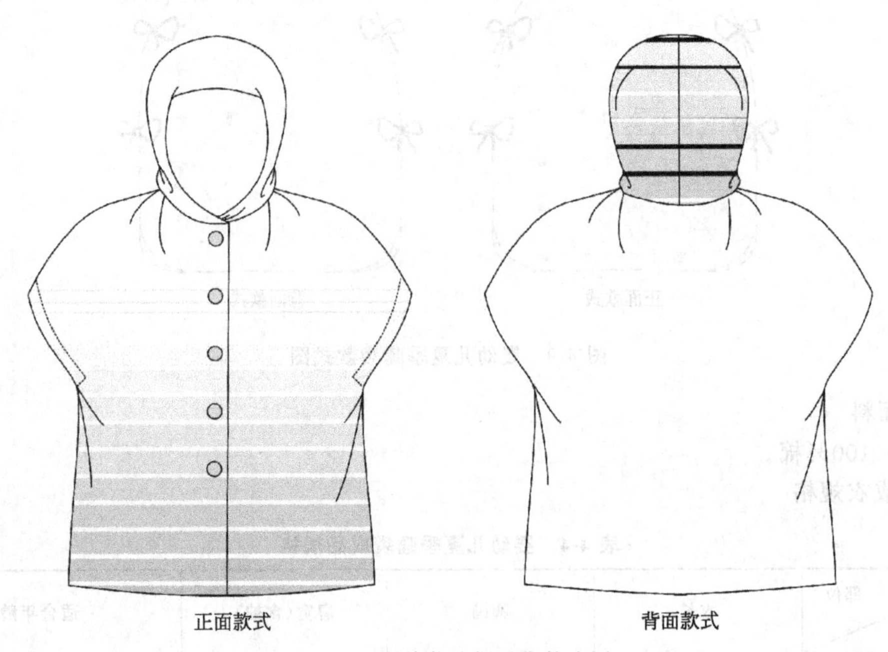

图 4-11 婴幼儿连帽睡袋款式图

（2）面料、辅料

面料：100%棉。

辅料：树脂扣。

（3）成衣规格

表 4-5 婴幼儿连帽睡袋成品规格

规格 \ 部位	衣长(不含帽)	胸围	肩宽(含袖)	帽长	适合年龄
73/48	52	80	40	28.5	0～1岁

（4）结构制图

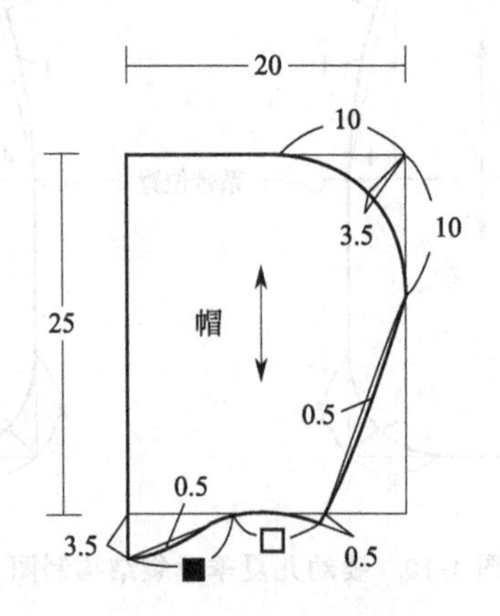

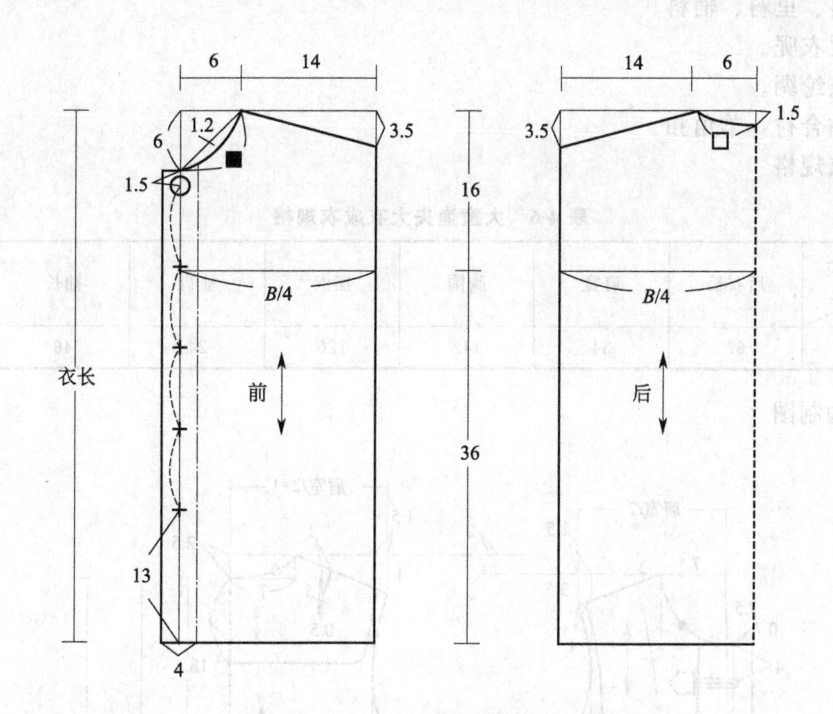

图 4-12　婴幼儿连帽睡袋结构制图

89. 大童渔夫大衣

（1）款式说明

渔夫大衣源自英文 duffle coat，据说最早是挪威水手为了抵御北欧海域的冰雹，穿起了这种外套。渔夫大衣最为经典的就是覆肩设计、大贴袋和羊角扣。

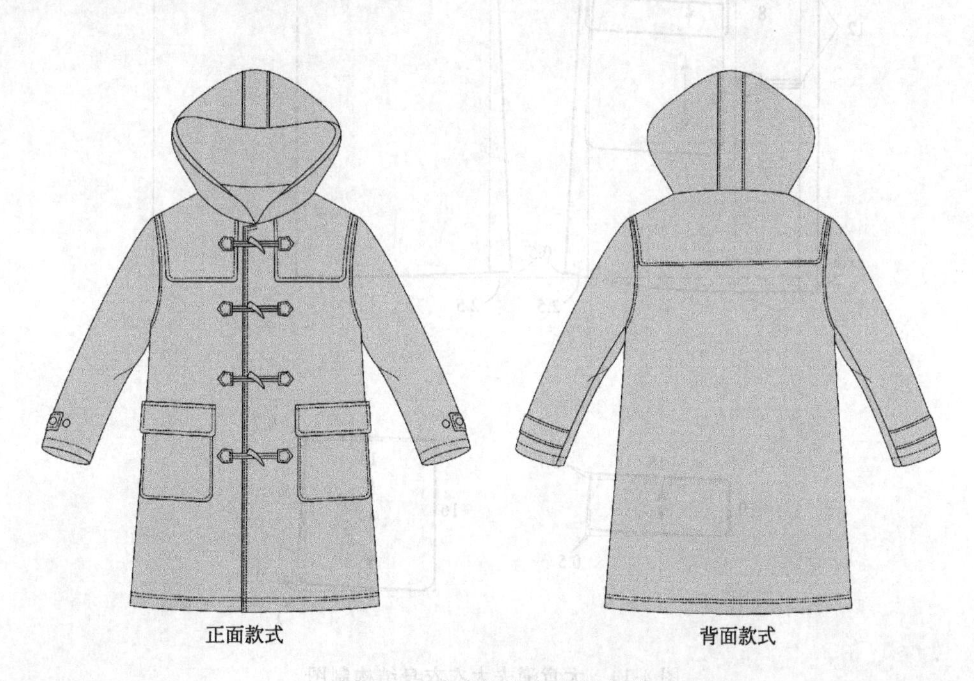

图 4-13　大童渔夫大衣款式图

（2）面料、里料、辅料

面料：大衣呢。

里料：涤纶绸。

辅料：黏合衬，羊角扣。

（3）成衣规格

表 4-6 大童渔夫大衣成衣规格

规格 \ 部位	后衣长	肩宽	胸围	摆围	袖口	袖长	适合年龄
130/66	67	34	112	120	24	46	9 岁

（4）结构制图

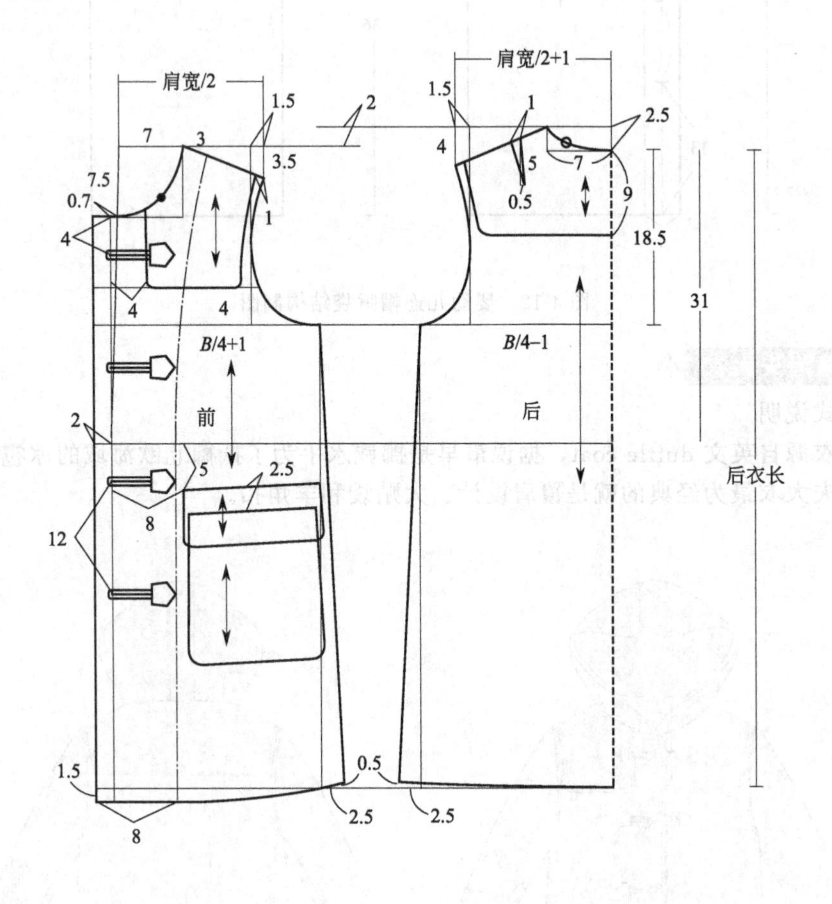

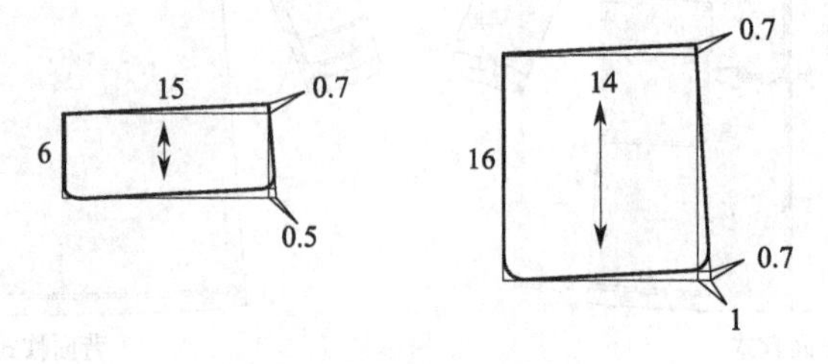

图 4-14 大童渔夫大衣衣身结构制图

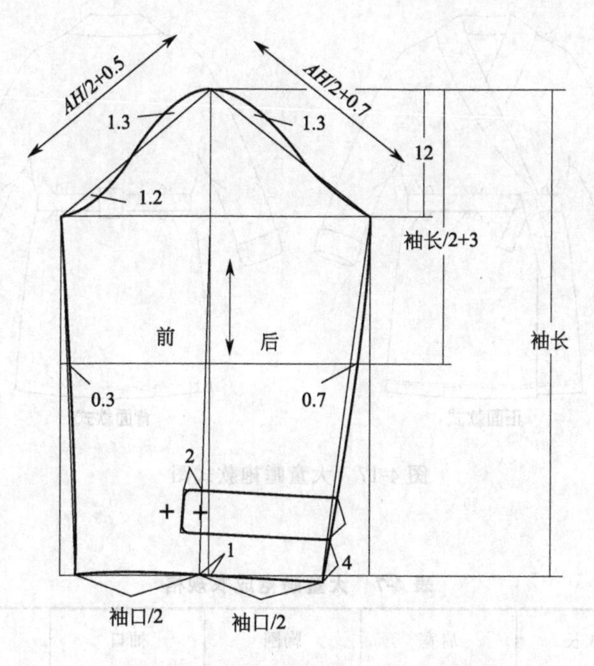

图 4-15　大童渔夫大衣袖子结构制图

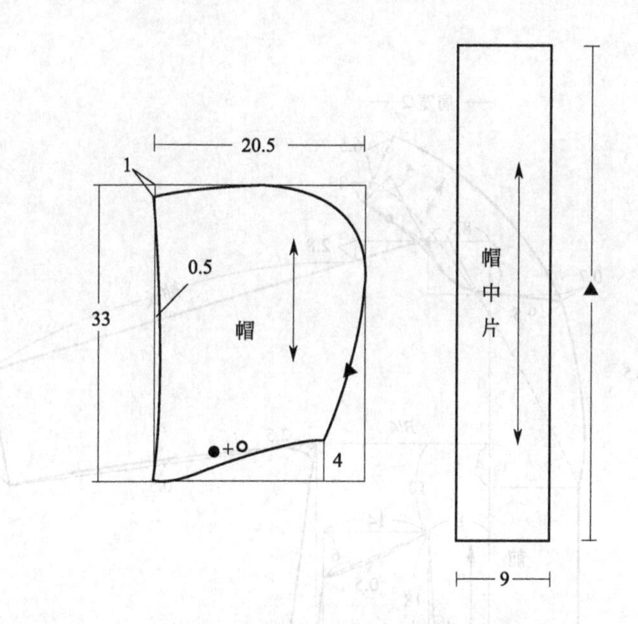

图 4-16　大童渔夫大衣帽子结构制图

90. 大童睡袍

（1）款式说明

本款睡袍也可作为洗澡后的浴袍，宽松舒适，袖口可向上翻折，衣领和袖口可采用滚边工艺。

（2）面料

面料：全棉毛巾布。

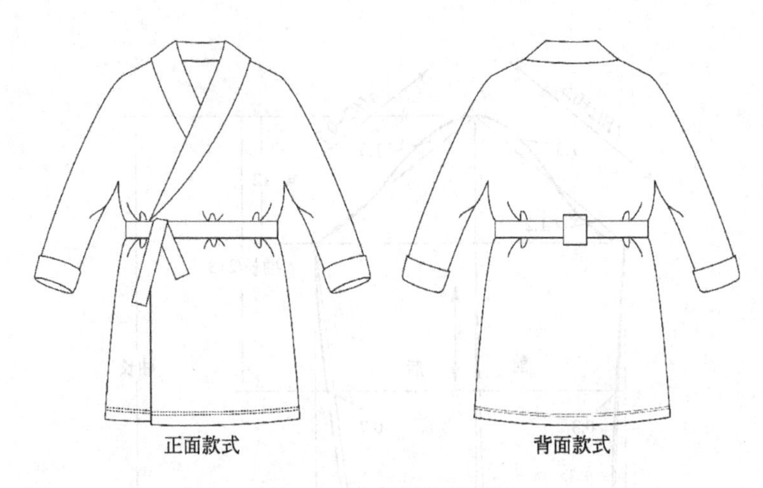

图 4-17 大童睡袍款式图

(3) 成衣规格

表 4-7 大童睡袍成衣规格

规格 \ 部位	后衣长	肩宽	胸围	袖口	摆围	适合年龄
150/72	80	36	92	31	119	12岁

(4) 结构制图

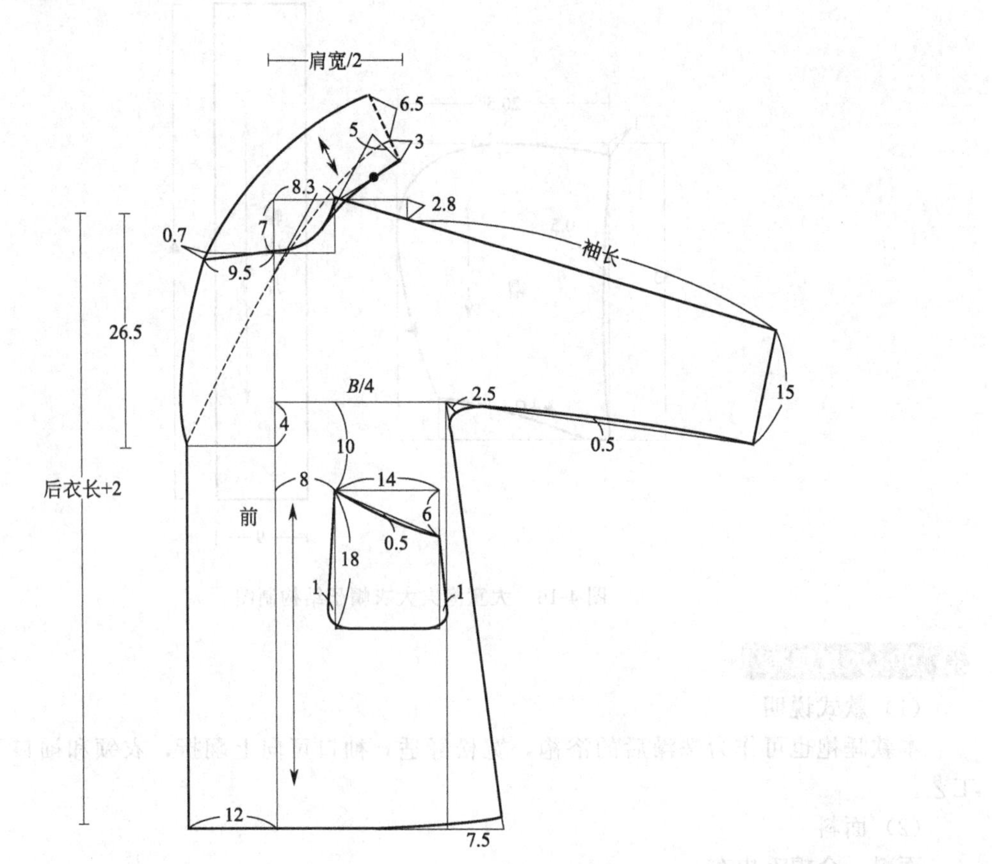

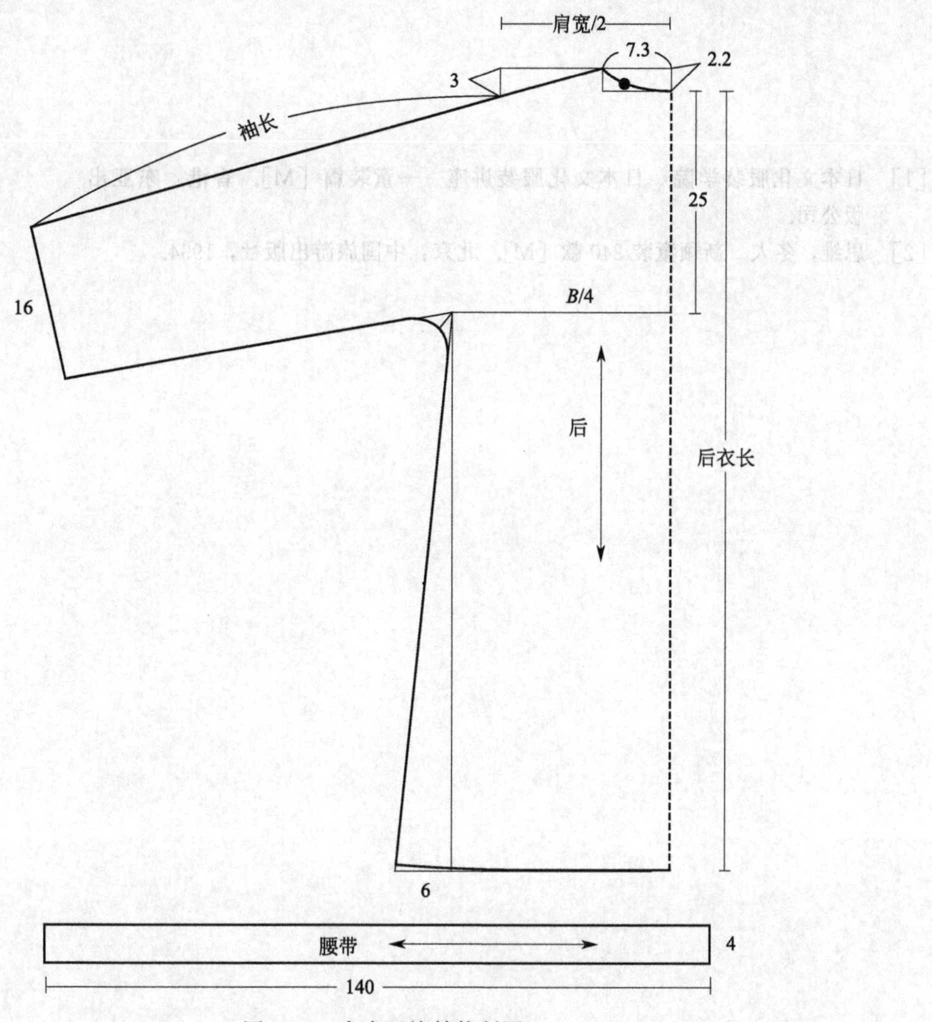

图 4-18　大童睡袍结构制图

参考文献

[1] 日本文化服装学院．日本文化服装讲座——童装篇［M］．香港：东亚出版公司．

[2] 思维，冬人．新颖童装 240 款［M］．北京：中国旅游出版社，1994．